Guía de estudio para la lectura

McDougal Littell

HISTORIA DE LOS Estados Unidos

Desde los inicios a la Reconstrucción

McDougal Littell
A DIVISION OF HOUGHTON MIFFLIN COMPANY
Evanston, Illinois • Boston • Dallas

Photography and Art Acknowledgments

Cover *eagle* © iStockphoto.com; *book* © Stockbyte; *hand* © PhotoDisc.

All maps created by Mapping Specialists.

48 British Cartoon Collection, Library of Congress, (LC-USZ62-45442); **74** Smithsonian Institution National Museum of American History, Division of Politics and Reform, Negative Number 564-75.

All other illustrations by McDougal Littell/Houghton Mifflin Co.

Copyright © McDougal Littell, una división de Houghton Mifflin Company.

Todos los derechos reservados.

Advertencia: Por la presente se otorga expresa autorización a los maestros para que reimpriman o fotocopien en cantidades necesarias para sus estudiantes las páginas de este libro que contienen la siguiente notificación sobre los derechos de autor: Copyright © McDougal Littell, a division of Houghton Mifflin Company. Estas páginas están diseñadas para su reproducción por parte de los maestros, con el fin de usarlas en sus clases junto con material de McDougal Littell, con la condición de que cada copia que se haga incluya la notificación sobre los derechos de autor. Dichas copias no pueden ser vendidas y su distribución adicional está expresamente prohibida. A excepción de la autorización anterior, se debe solicitar y obtener la autorización por escrito de McDougal Littell para reproducir o transmitir este libro o partes del mismo en cualquier otra forma o mediante cualquier otro medio electrónico o mecánico, incluyendo cualquier sistema de almacenamiento o recuperación de información, excepto que esté expresamente autorizado por la ley federal de derechos de autor. Toda pregunta debe ser dirigida a: Supervisor, Rights and Permissions, McDougal Littell, P.O. Box 1667, Evanston, IL. 60204

Impreso en los Estados Unidos de América.

Los editores han efectuado todas las diligencias debidas para rastrear la propiedad de todo material protegido por derechos de autor que se halla en este libro y para otorgar completo reconocimiento por su uso. Las omisiones que senos indiquen serán corregidas en una edición subsiguiente.

ISBN10: 0-618-82927-X
ISBN13: 978-0-618-82927-9

1 2 3 4 5 6 7 8 9 - PBO - 11 10 09 08 07

MCDOUGAL LITTELL
HISTORIA DE LOS ESTADOS UNIDOS: DESDE LOS INICIOS A LA RECONSTRUCCIÓN
GUÍA DE ESTUDIO PARA LA LECTURA

Contenido

Cómo usar esta Guía de estudio vii

UNIDAD 1 EL ENCUENTRO DE TRES MUNDOS (inicios–1650)

Capítulo 1: El mundo antes del siglo XVI (inicios–XVI)
Sección 1: Sociedades de las Américas 1
Sección 2: Sociedades de África 3
Sección 3: Sociedades de Europa 5

Capítulo 2: Exploración europea de las Américas (1492–1650)
Sección 1: España reclama un imperio 7
Sección 2: Competencia europea en América del Norte 9
Sección 3: Los españoles y los indígenas americanos 11
Sección 4: Inicios de la esclavitud en las Américas 13

UNIDAD 2 LAS COLONIAS INGLESAS (1585–1763)

Capítulo 3: Los ingleses establecen 13 colonias (1585–1732)
Sección 1: El éxito de las primeras colonias es variado 15
Sección 2: Las colonias de Nueva Inglaterra 17
Sección 3: Las colonias del Sur 19
Sección 4: Las colonias centrales 21

Capítulo 4: Las colonias se desarrollan (1651–1753)
Sección 1: Nueva Inglaterra: Comercio y religión 23
Sección 2: Las colonias del Sur: Plantaciones y esclavitud 25
Sección 3: Las colonias centrales: Granjas y ciudades 27
Sección 4: El *Backcountry* 29

Capítulo 5: El comienzo de una identidad americana (1689–1763)
Sección 1: Los inicios de la cultura americana 31
Sección 2: Las raíces de la democracia estadounidense 33
Sección 3: La Guerra Franco-Indígena 35

UNIDAD 3 LA CREACIÓN DE UNA NUEVA NACIÓN (1763–1791)

Capítulo 6: El camino a la Revolución (1763–1776)
Sección 1: Un control británico más estricto 37

Sección 2: Aumenta la resistencia colonial 39

Sección 3: El camino a Lexington y Concord 41

Sección 4: Se declara la independencia 43

Capítulo 7: La Revolución Norteamericana (1775–1783)
Sección 1: Los primeros años de la guerra 45

Sección 2: La guerra se extiende 47

Sección 3: El camino a la victoria 49

Sección 4: El legado de la guerra 51

Capítulo 8: De la Confederación a la Constitución (1776–1791)
Sección 1: La época de la Confederación 53

Sección 2: La creación de la Constitución 55

Sección 3: Ratificación y Declaración de Derechos 57

Cuaderno de la Constitución: La Constitución viva
Sección 1: Principios, Preámbulo y Artículo 1 59

Sección 2: Artículos 2 y 3 61

Sección 3: Artículos 4 a 7 63

Sección 4: Declaración de Derechos y Enmiendas 11–27 65

UNIDAD 4 LOS INICIOS DE LA REPÚBLICA (1789–1844)

Capítulo 9: El lanzamiento de una nueva república (1789–1800)
Sección 1: La presidencia de Washington 67
Sección 2: Desafíos del nuevo gobierno 69
Sección 3: Los federalistas en el poder 71

Capítulo 10: La era de Jefferson (1800–1816)
Sección 1: La democracia de Jefferson 73
Sección 2: La Adquisición de Luisiana y su exploración 75
Sección 3: La Guerra de 1812 77

Capítulo 11: Crecimiento nacional y regional (1800–1844)
Sección 1: Las primeras industrias e inventos 79
Sección 2: Proliferación de las plantaciones y de la esclavitud 81
Sección 3: Nacionalismo y seccionalismo 83

UNIDAD 5 LA TRANSFORMACIÓN DE UNA NACIÓN (1821–1877)

Capítulo 12: La era de Jackson (1824–1840)
Sección 1: La democracia de Jackson y los derechos de los estados 85
Sección 2: La política de Jackson hacia los indígenas 87
Sección 3: Prosperidad y pánico 89

Capítulo 13: Destino manifiesto (1821–1853)
Sección 1: Caminos al Oeste 91
Sección 2: La Revolución de Texas 93
Sección 3: La Guerra con México 95
Sección 4: La fiebre del oro en California 97

Capítulo 14: Un nuevo espíritu de cambio (1830–1860)
Sección 1: Las esperanzas de los inmigrantes 99
Sección 2: Reforma de la sociedad estadounidense 101
Sección 3: La abolición y los derechos de las mujeres 103

UNIDAD 6 LA NACIÓN DIVIDIDA Y RECONSTRUIDA (1846–1877)

Capítulo 15: La nación se separa (1846–1860)
Sección 1: Aumenta la tensión entre el Norte y el Sur 105
Sección 2: La esclavitud domina la política 107
Sección 3: La elección de Lincoln y la secesión del Sur 109

Capítulo 16: Comienza la Guerra Civil (1861–1862)
Sección 1: Estalla la guerra 111
Sección 2: La vida en el ejército 113
Sección 3: Sin un final a la vista 115

Capítulo 17: Cambian los vientos de guerra (1863–1865)
Sección 1: La Proclamación de Emancipación 117
Sección 2: La guerra afecta a la sociedad 119
Sección 3: Gana el Norte 121
Sección 4: El legado de la guerra 123

Capítulo 18: Reconstrucción (1865–1877)
Sección 1: Reconstruir la Unión 125
Sección 2: La Reconstrucción cambia la vida diaria 127
Sección 3: El fin de la Reconstrucción 129

CÓMO USAR ESTA GUÍA DE ESTUDIO

El propósito de esta *Guía de estudio para la lectura* es ayudarte a leer y comprender tu libro de historia, *Historia de los Estados Unidos de McDougal Littell*. Puedes usar esta *Guía de estudio para la lectura* de dos maneras:

1. **Usa la *Guía de estudio para la lectura* junto con tu libro de historia.**
   - Busca la sección que vas a leer en el libro de texto.
   - Luego, a medida que lees el libro, usa la ayuda gráfica que se halla en la *Guía de estudio para la lectura* para tomar notas acerca de los textos debajo de cada título del libro.
   - Usa la *Guía de estudio para la lectura* para ayudarte a resumir, organizar y aplicar la información presentada en el libro de texto.

2. **Usa la *Guía de estudio para la lectura* con el fin de estudiar para los exámenes y evaluaciones de historia de los Estados Unidos.**
   - Relee tus notas de resumen de cada sección.
   - Repasa las definiciones de los términos y nombres de la *Guía de estudio para la lectura*.
   - Trabaja con un compañero: háganse preguntas uno al otro acerca de las notas que tomaron sobre el texto que está debajo de cada título.
   - Repasa tus respuestas a las preguntas.

SÉ UN LECTOR ESTRATÉGICO

Usa las siguientes estrategias para lograr la mayor comprensión a partir de tu lectura de cada sección de la *Guía de estudio para la lectura*:

Estrategia 1: Estudia cada término en negrita y aprende su definición. Halla dónde aparece en el resumen para comprender mejor su importancia histórica.

Estrategia 2: Toma notas al leer en la ayuda gráfica. El diagrama te ayudará a organizar y a usar la información a medida que la aprendes.

Estrategia 3: "¡Márcalo!" Subraya la información clave en tus notas. Halla los términos y nombres del vocabulario en tus notas y enciérralos en un círculo, junto con las palabras circundantes que contribuyen a explicar sus significados.

Estrategia 4: Interacciona con el material visual y con las fuentes primarias de la sección "Desarrollar destrezas". Sigue las indicaciones para marcar el material visual. Responde a las preguntas de razonamiento más profundo que te ayudan a desarrollar tus destrezas de lectura de mapas y de gráficas y tus destrezas analíticas.

Nombre _____ Fecha _____

SECCIÓN 1 | Sociedades de las Américas

- **Antes aprendiste** Piensa sobre lo que ya sabes acerca de las sociedades de indígenas americanos y cómo vivieron.

- **Ahora aprenderás** Después de que los seres humanos poblaron el continente americano, se desarrollaron civilizaciones y culturas avanzadas.

AL LEER Toma notas que categoricen la información de esta sección. Usa la ayuda gráfica para categorizar en ambas páginas de esta hoja de trabajo.

CAPÍTULO 1

Olmecas	3.	Incas	8.
1.	250 a.C.—900	6.	9.
surgieron en Mesoamérica	4.	7.	imperio en México
crearon extensas granjas en el fértil suelo de la región	hicieron progresos en el arte y la arquitectura	llegaron a ser 10 millones de habitantes	10.
2.	5.	calendario preciso, reloj primitivo, carreteras pavimentadas	poderío militar, recaudaban impuestos

Guía de estudio para la lectura

Historia de los Estados Unidos
Capítulo 1, El mundo antes del siglo XVI   1

SECCIÓN 1: SOCIEDADES DE LAS AMÉRICAS, *CONTINUACIÓN*

11.	Inuit	Iroqueses, Algonquin
vivieron en el Suroeste	13.	15.
cultivaron valles cercanos al desierto	sus viviendas estaban hechas de hielo	16.
12.	14.	grandes aldeas

¡MÁRCALO! Encierra en un círculo cada término cuando aparezca en tus notas y asegúrate de entender su significado. Si un término no aparece, escríbelo fuera del recuadro donde *mejor* corresponda.

sociedades sedentarias mayas
sociedades semisedentarias incas
sociedades nómadas aztecas
Mesoamérica pueblo

DESARROLLAR DESTREZAS

Fragmento de fuente primaria

Oh, nuestra Madre Tierra, oh nuestro Padre Cielo,
Somos sus hijos y con cansadas espaldas
Les traemos los regalos que aman.
Luego tejan para nosotros un vestido de brillo;
Que los hilos sean la blanca luz de la mañana,
Que la trama sea la roja luz del atardecer,
Que los flecos sean la lluvia que cae,
Que el borde sea el arco iris de pie.
Téjannos así un vestido de brillo
Que podamos llevar dignamente donde las aves cantan,
Que podamos llevar dignamente donde el pasto es verde,
¡Oh, nuestra Madre Tierra, oh, nuestro Padre Cielo!
—Tradicional tiwa, "*Song of the Sky Loom*"
("Canción del telar del cielo")

¡Márcalo!

17. **Encierra en un círculo** a quiénes le llevan regalos los hablantes.

18. **Subraya** las frases que estén repetidas.

19. ¿Qué sugiere el poema acerca del rol de la naturaleza en la vida de los indígenas americanos?

_____
_____
_____
_____
_____

Historia de los Estados Unidos
Capítulo 1, El mundo antes del siglo XVI

Guía de estudio para la lectura

Nombre _____ Fecha _____

SECCIÓN 2 | Sociedades de África

- **Antes aprendiste** Después de que los seres humanos migraron a las Américas, se desarrollaron varias civilizaciones.

- **Ahora aprenderás** En África, sociedades simples y complejas competían por los recursos y el comercio en tres zonas geográficas.

AL LEER Toma notas que enumeren las ideas principales y los detalles de la información presentada en esta sección. Usa la ayuda gráfica de ideas principales y detalles en ambas páginas de esta hoja de trabajo.

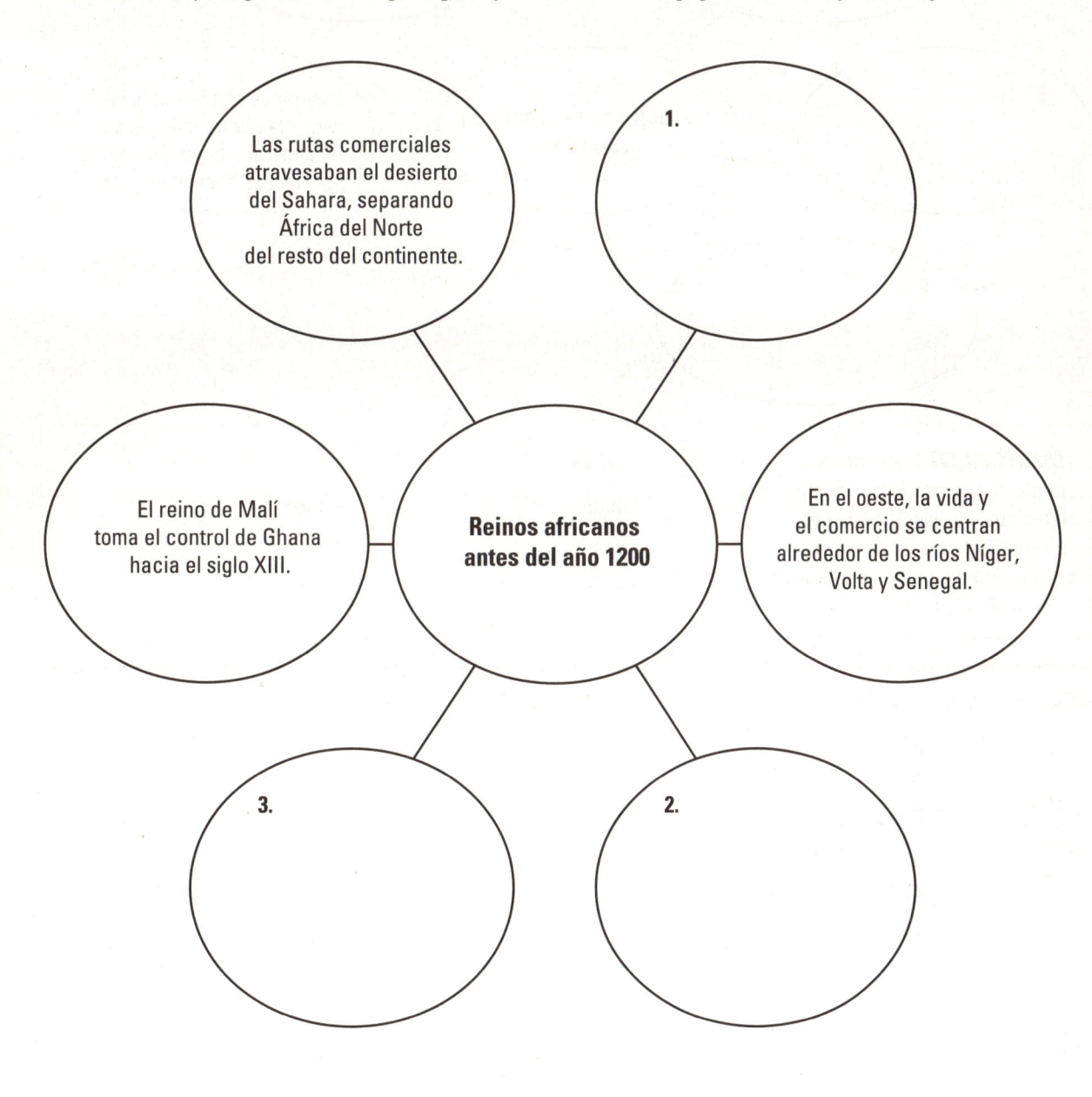

CAPÍTULO 1

- Las rutas comerciales atravesaban el desierto del Sahara, separando África del Norte del resto del continente.

- 1.

- El reino de Malí toma el control de Ghana hacia el siglo XIII.

- **Reinos africanos antes del año 1200**

- En el oeste, la vida y el comercio se centran alrededor de los ríos Níger, Volta y Senegal.

- 3.

- 2.

Guía de estudio para la lectura

Historia de los Estados Unidos
Capítulo 1, El mundo antes del siglo XVI

3

Nombre _____ Fecha _____

SECCIÓN 2: SOCIEDADES DE ÁFRICA, *CONTINUACIÓN*

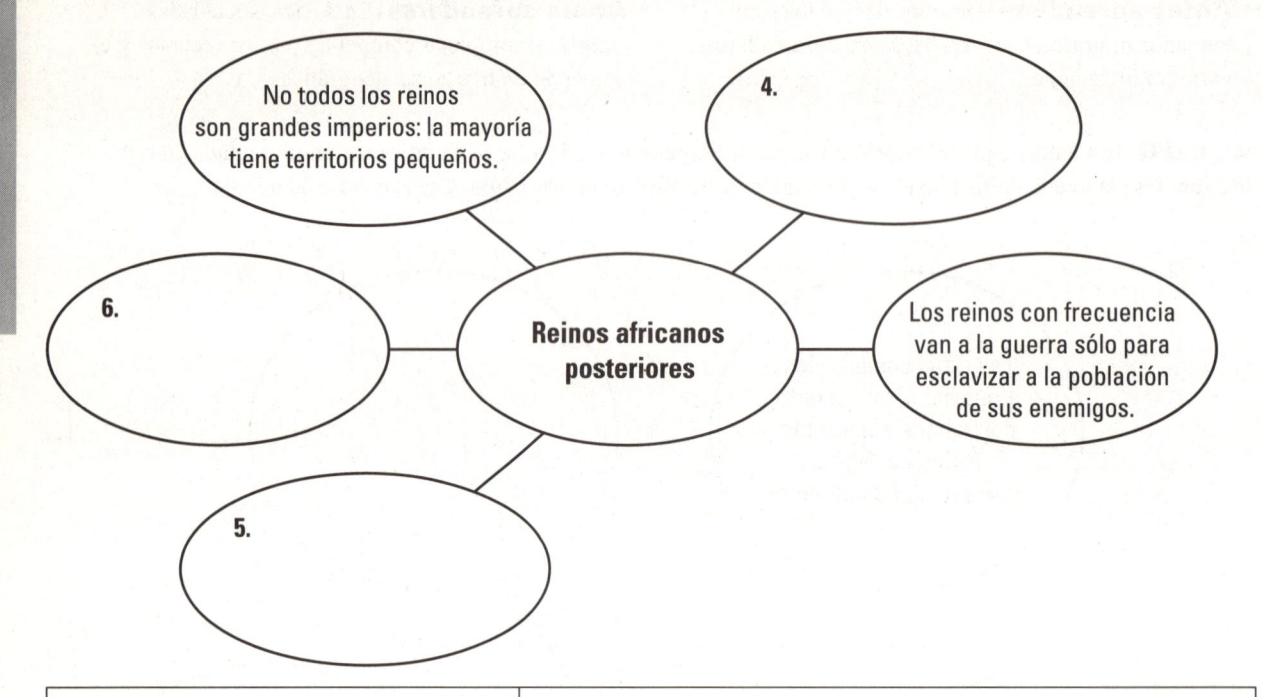

- No todos los reinos son grandes imperios: la mayoría tiene territorios pequeños.
- 4.
- 6.
- **Reinos africanos posteriores**
- Los reinos con frecuencia van a la guerra sólo para esclavizar a la población de sus enemigos.
- 5.

¡MÁRCALO! Encierra en un círculo cada término cuando aparezca en tus notas y asegúrate de entender su significado. Si un término no aparece, dibuja un círculo y escribe el término donde *mejor* corresponda.

Sahara   Malí
islam   Congo
musulmán   Ndongo
Ghana

DESARROLLAR DESTREZAS

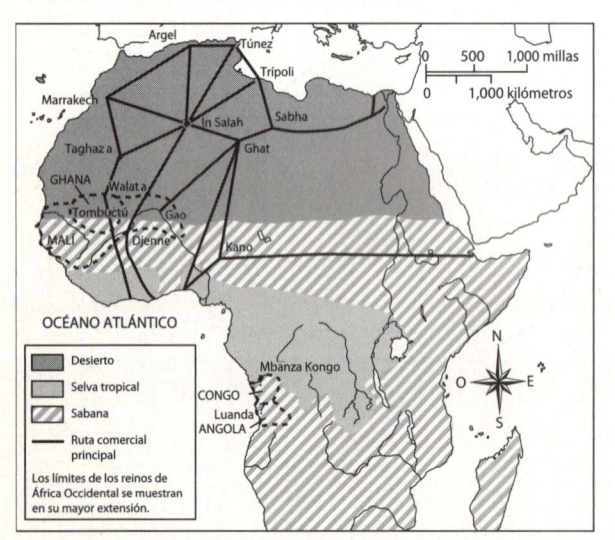

¡Márcalo!

7. **Encierra en un círculo** el nombre de la zona geográfica en la cual estaba ubicado el reino de Malí.

8. **Traza** una ruta que los comerciantes podrían tomar para viajar desde el reino de Ghana hasta Trípoli.

9. **Menciona** tres ciudades portuarias importantes durante esta época.

_____
_____
_____

El mapa muestra las zonas geográficas y las rutas comerciales de África entre los años 1100 y 1500.

Historia de los Estados Unidos
Capítulo 1, El mundo antes del siglo XVI

Guía de estudio para la lectura

Nombre _____   **Fecha** _____

SECCIÓN 3 | Sociedades de Europa

- **Antes aprendiste** En África, sociedades pequeñas y grandes competían por los recursos y el comercio.
- **Ahora aprenderás** Entre los años 1300 y 1500, Europa experimentó cambios muy importantes en su vida social, política y económica.

AL LEER Toma notas que comparen y contrasten la información de esta sección. Usa la tabla de comparar y contrastar en ambas páginas de esta hoja de trabajo.

Europa en el siglo XIV	Europa en el siglo XV	Europa en el siglo XVI
1.	4.	6.
2.	El comercio se incrementa cuando los mercaderes urbanos comercian productos provenientes de Asia.	7.
Guerra de los Cien Años	Los monarcas recaudan nuevos impuestos y fortalecen sus gobiernos centrales.	Continúa el Renacimiento.
3.	5.	Las naciones europeas se ven atraídas por la exploración del mundo.

Guía de estudio para la lectura

Historia de los Estados Unidos
Capítulo 1, El mundo antes del siglo XVI

Nombre _____ Fecha _____

SECCIÓN 3: SOCIEDADES DE EUROPA, *CONTINUACIÓN*

	Sociedades de las Américas	**Sociedades de África**	**Sociedades de Europa**
Tipo de sociedad	sedentarias, nómadas y semi-sedentarias	principalmente semi-sedentarias y sedentarias	8.
Religión	creencias espirituales vinculadas a la naturaleza	islamismo, cristianismo, religiones africanas nativas	9.
Logros	ciudades, templos, canales de irrigación, carreteras pavimentadas, calendarios	arte, educación, viajes y comercio de gran alcance	10.

¡MÁRCALO! Encierra en un círculo cada término cuando aparezca en tus notas y asegúrate de entender su significado. Si un término no aparece, escríbelo fuera del recuadro donde *mejor* corresponda.

gran hambruna   católicos
peste negra   protestantes
Renacimiento   corriente del Atlántico Norte
Reforma   corriente del Atlántico Sur

DESARROLLAR DESTREZAS

Cita de fuente primaria

"Los reyes de memoria gloriosa [...] siempre tuvieron [el derecho de] conquistar partes de África y de Guinea y recibían un quinto de las mercancías que se obtenían de esos lugares".

—Reina Isabel, cita de *Isabel, la Reina*

¡Márcalo!

11. **Encierra en un círculo** los lugares hacia donde se dirigieron los exploradores y conquistadores españoles.

12. **Subraya** la cantidad de ganancias obtenidas por el monarca en estas conquistas.

Nombre _____ Fecha _____

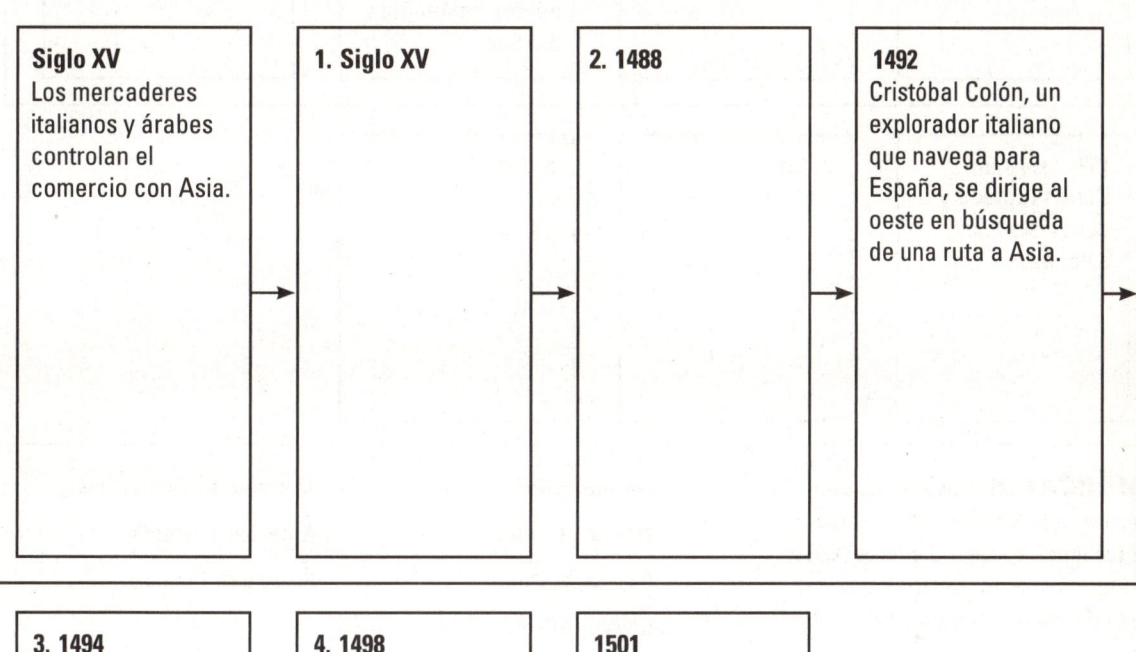

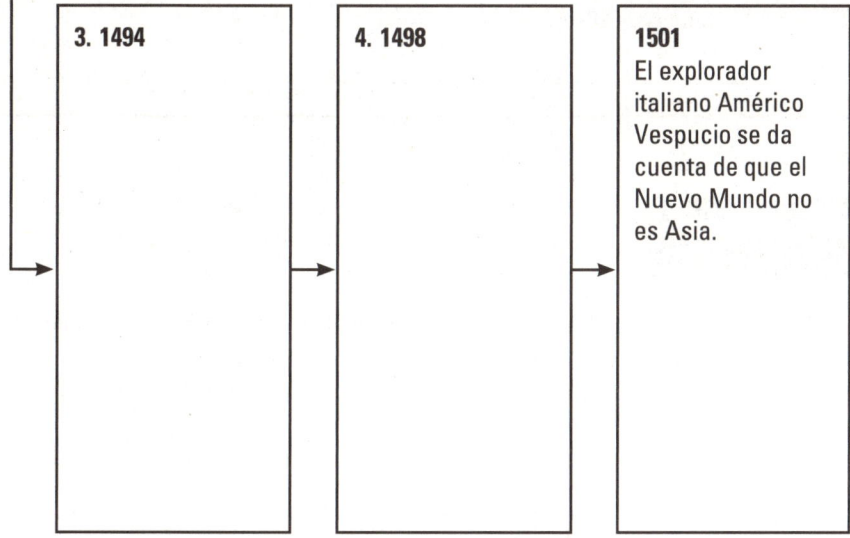

SECCIÓN 1 | **España reclama un imperio**
Para usar con las páginas 26 a 33

- **Antes aprendiste** El comercio y los cambios sociales impulsaron a los europeos a explorar el mundo.
- **Ahora aprenderás** Después del viaje de Colón, los españoles conquistaron rápidamente los imperios de los indígenas americanos aztecas e incas.

AL LEER Toma notas que enumeren los acontecimientos de esta sección en el orden en que ocurrieron. Usa el diagrama de secuencia en ambas páginas de esta hoja de trabajo.

CAPÍTULO 2

| Siglo XV
Los mercaderes italianos y árabes controlan el comercio con Asia. | 1. Siglo XV | 2. 1488 | 1492
Cristóbal Colón, un explorador italiano que navega para España, se dirige al oeste en búsqueda de una ruta a Asia. |

| 3. 1494 | 4. 1498 | 1501
El explorador italiano Américo Vespucio se da cuenta de que el Nuevo Mundo no es Asia. |

Guía de estudio para la lectura

Historia de los Estados Unidos
Capítulo 2, Exploración europea de las Américas 7

Nombre _____ **Fecha** _____

SECCIÓN 1: ESPAÑA RECLAMA UN IMPERIO, *CONTINUACIÓN*

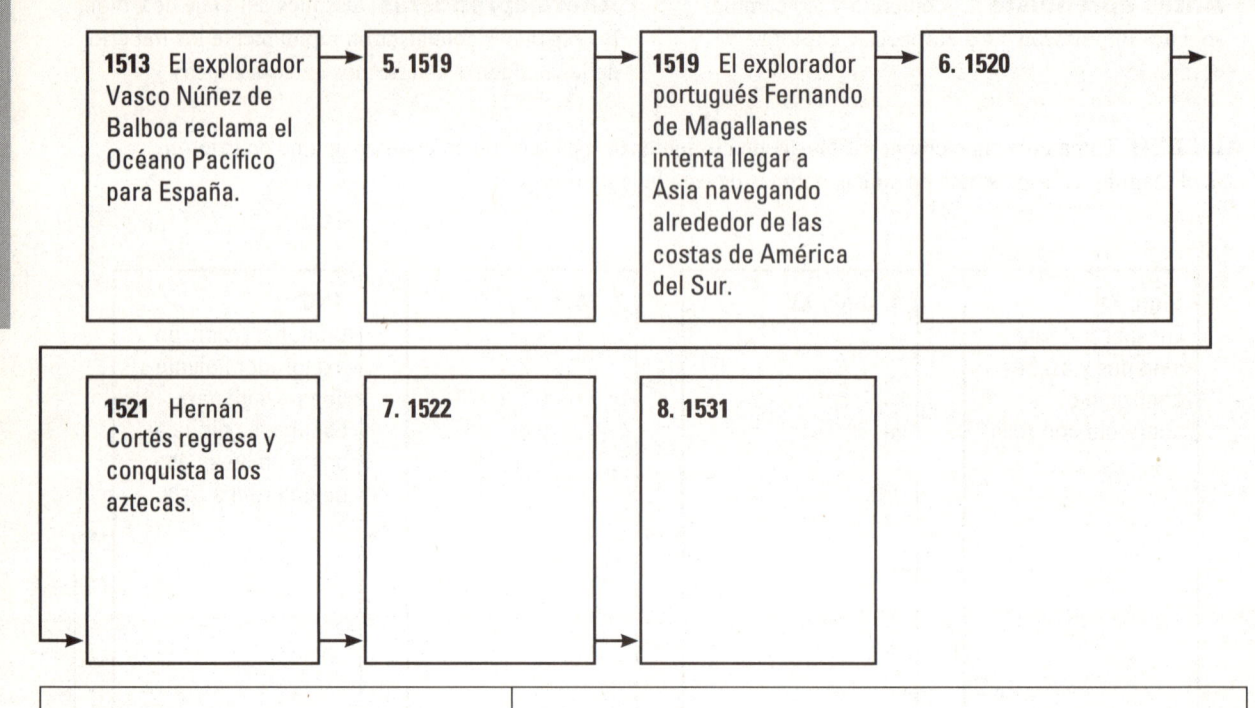

CAPÍTULO 2

| **1513** El explorador Vasco Núñez de Balboa reclama el Océano Pacífico para España. | → | **5. 1519** | → | **1519** El explorador portugués Fernando de Magallanes intenta llegar a Asia navegando alrededor de las costas de América del Sur. | → | **6. 1520** | → |

| **1521** Hernán Cortés regresa y conquista a los aztecas. | → | **7. 1522** | → | **8. 1531** |

¡MÁRCALO! Encierra en un círculo cada término cuando aparezca en tus notas y asegúrate de entender su significado. Si un término no aparece, escríbelo junto al recuadro donde *mejor* corresponda.

- conquistador
- Hernán Cortés
- Cristóbal Colón
- mercantilismo
- Tratado de Tordesillas
- Américo Vespucio
- Francisco Pizarro

DESARROLLAR DESTREZAS

Disminución en la población del centro de México, 1532–1608

Gráfica lineal: Población estimada (en millones) vs. Año (1530–1610). La población comienza cerca de 17 millones en 1530, baja a aproximadamente 6 millones en 1550, y continúa descendiendo hasta cerca de 1 millón en 1610.

La gráfica lineal ilustra el efecto de la exploración española sobre la población indígena americana del centro de México desde 1532 hasta 1608.

¡Márcalo!

9. En la gráfica, **encierra en un círculo** el año en el que se registró la caída más pronunciada en la población.

10. **Dibuja** una "X" en la gráfica en el punto donde se muestra la población en 1570. ¿Cuántas personas representa la "X" aproximadamente?

   _____

11. **Escribe** *tres* razones por las que la población indígena americana descendió como consecuencia de la exploración española.

   _____
   _____
   _____

Historia de los Estados Unidos
Capítulo 2, Exploración europea de las Américas

Guía de estudio para la lectura

Nombre _____ Fecha _____

SECCIÓN 2 | **Competencia europea en América del Norte**
Para usar con las páginas 34 a 39

- **Antes aprendiste** Después de los viajes de Colón, los españoles conquistaron los imperios de los indígenas americanos aztecas e incas.

- **Ahora aprenderás** La competencia por las riquezas de las Américas llevó al surgimiento de tensiones y conflictos entre las potencias europeas.

AL LEER Toma notas que enumeren categorías e informaciones destacadas para los acontecimientos mencionados en esta sección. Usa el diagrama de categorizar en ambas páginas de esta hoja de trabajo.

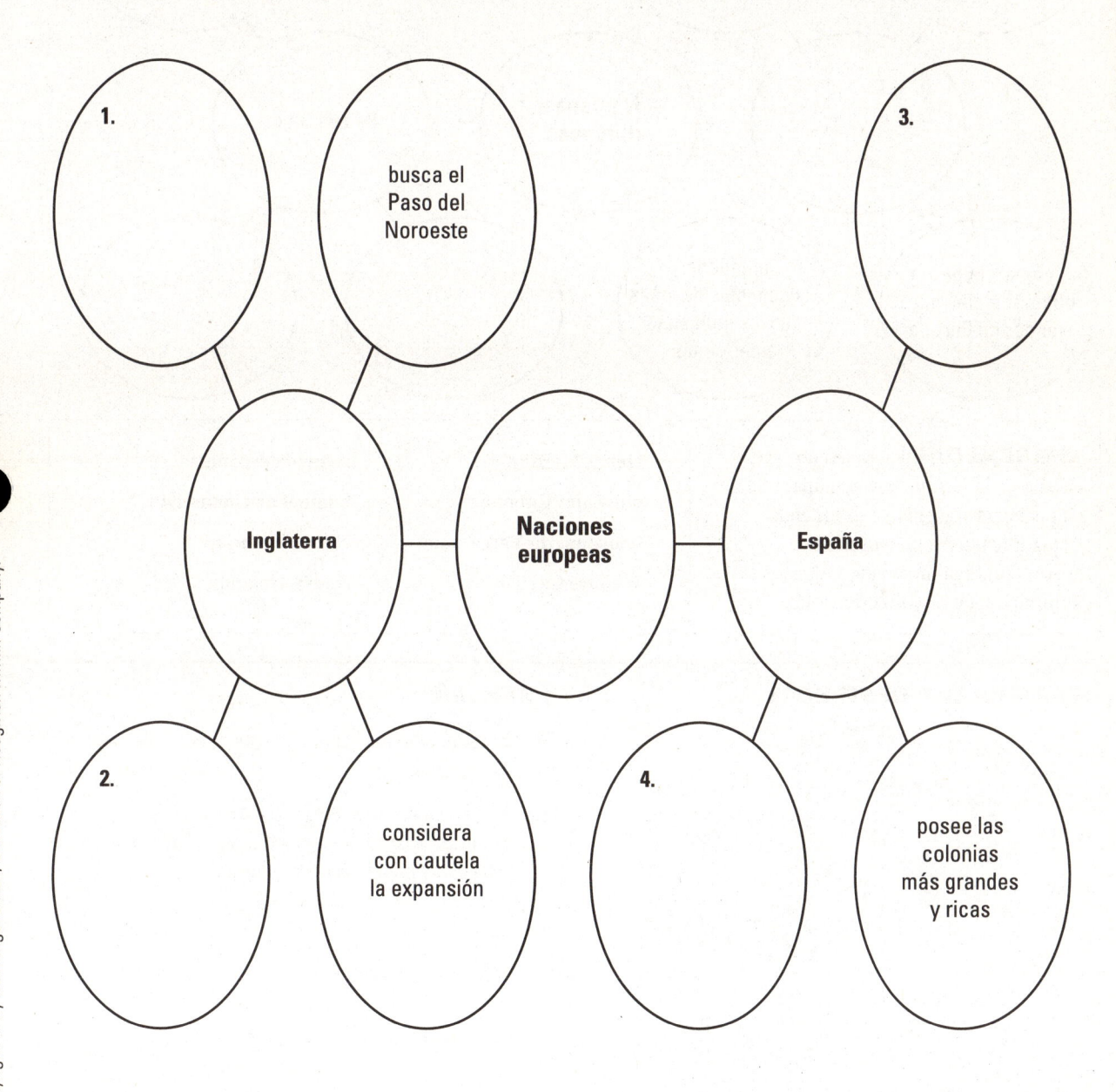

CAPÍTULO 2

1.

busca el Paso del Noroeste

3.

Inglaterra — **Naciones europeas** — España

2.

considera con cautela la expansión

4.

posee las colonias más grandes y ricas

Guía de estudio para la lectura

Historia de los Estados Unidos
Capítulo 2, Exploración europea de las Américas 9

Nombre _____ **Fecha** _____

SECCIÓN 2: COMPETENCIA EUROPEA EN AMÉRICA DEL NORTE, *CONTINUACIÓN*

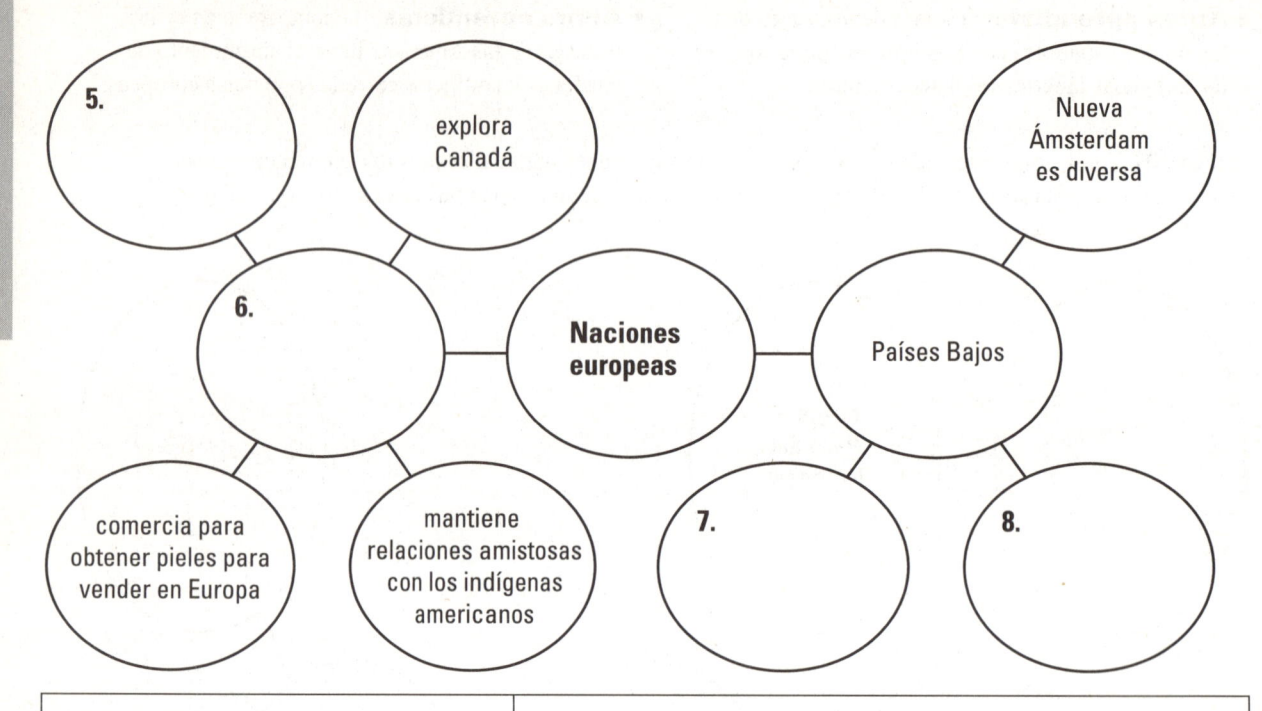

Diagrama:
- 5. _____
- explora Canadá
- Nueva Ámsterdam es diversa
- 6. _____
- **Naciones europeas** (centro)
- Países Bajos
- comercia para obtener pieles para vender en Europa
- mantiene relaciones amistosas con los indígenas americanos
- 7. _____
- 8. _____

¡MÁRCALO! Encierra en un círculo cada término cuando aparezca en tus notas y asegúrate de entender su significado. Si un término no aparece, agrega un círculo y escribe el término donde *mejor* corresponda.

- Henry Hudson
- Giovanni Caboto
- Giovanni da Verrazzano
- Jacques Cartier
- Armada española
- Samuel de Champlain
- Nueva Francia
- Nueva Holanda

DESARROLLAR DESTREZAS

¡Márcalo!

9. Estudia el mapa. **Traza** la ruta del primer viaje de Hudson.

10. **Encierra en un círculo** la característica geográfica bautizada en su honor. ¿En qué país está ubicada esta característica?

_____

11. ¿Qué buscaba Hudson?

_____

Mapa: Bahía de Hudson, AMÉRICA DEL NORTE, EUROPA, OCÉANO ATLÁNTICO
← Hudson, 1609
← Hudson, 1610

El mapa muestra las rutas de los dos viajes de Henry Hudson.

Historia de los Estados Unidos
Capítulo 2, Exploración europea de las Américas

Guía de estudio para la lectura

Nombre _____ Fecha _____

SECCIÓN 3 | **Los españoles y los indígenas americanos**
Para usar con las páginas 40 a 45

- **Antes aprendiste** Las potencias europeas enfrentaron conflictos y tensiones cuando competían por las riquezas de América del Norte.

- **Ahora aprenderás** La vida de los indígenas americanos se fue transformando a medida que España se enriquecía con su nuevo imperio.

AL LEER Toma notas que enumeren las ideas principales de los acontecimientos presentados en esta sección. Usa la ayuda gráfica de ideas principales en ambas páginas de esta hoja de trabajo.

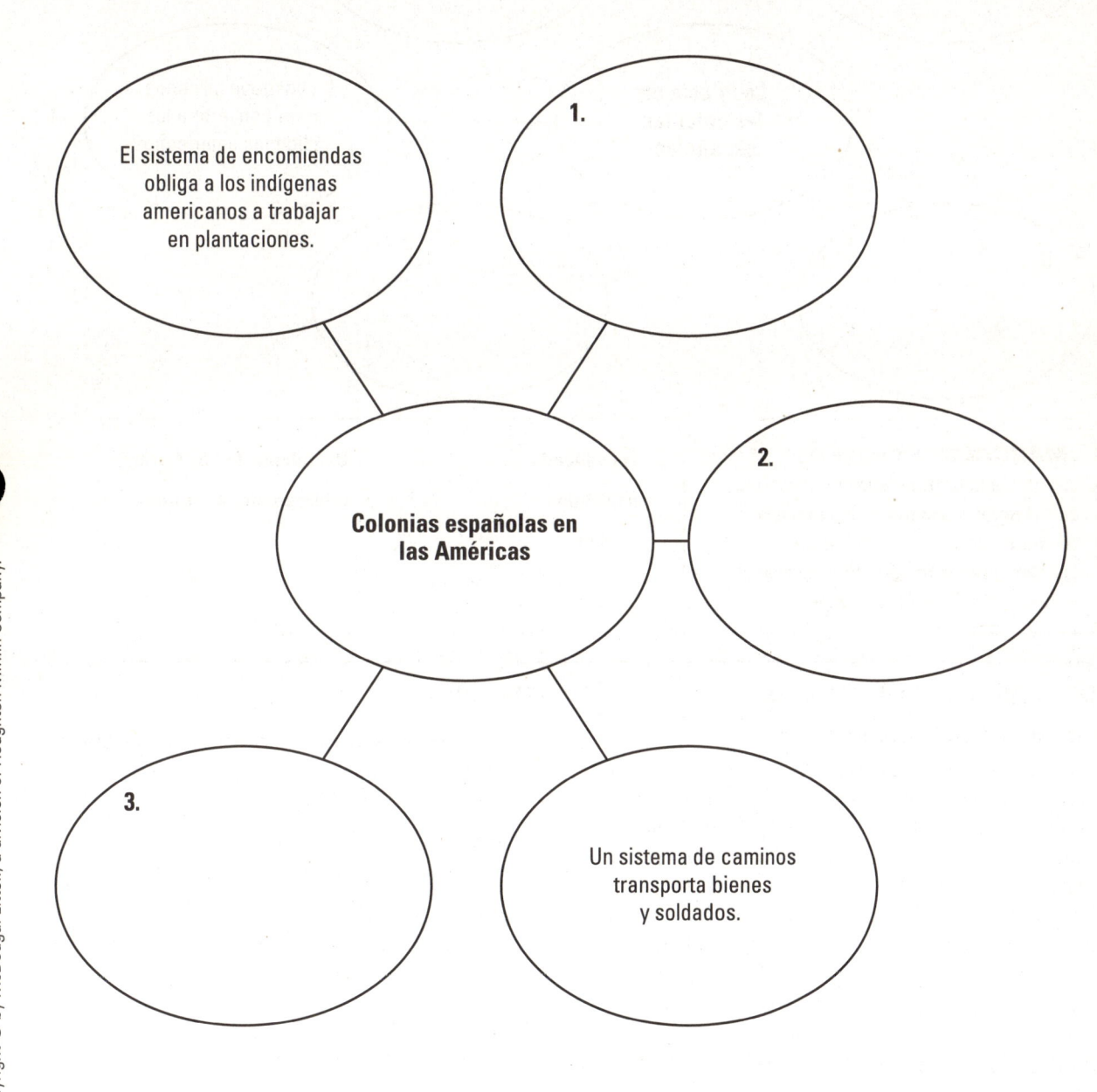

- El sistema de encomiendas obliga a los indígenas americanos a trabajar en plantaciones.

1.

Colonias españolas en las Américas

2.

3.

- Un sistema de caminos transporta bienes y soldados.

Guía de estudio para la lectura

Historia de los Estados Unidos
Capítulo 2, Exploración europea de las Américas

Nombre _____ Fecha _____

SECCIÓN 3: LOS ESPAÑOLES Y LOS INDÍGENAS AMERICANOS, *CONTINUACIÓN*

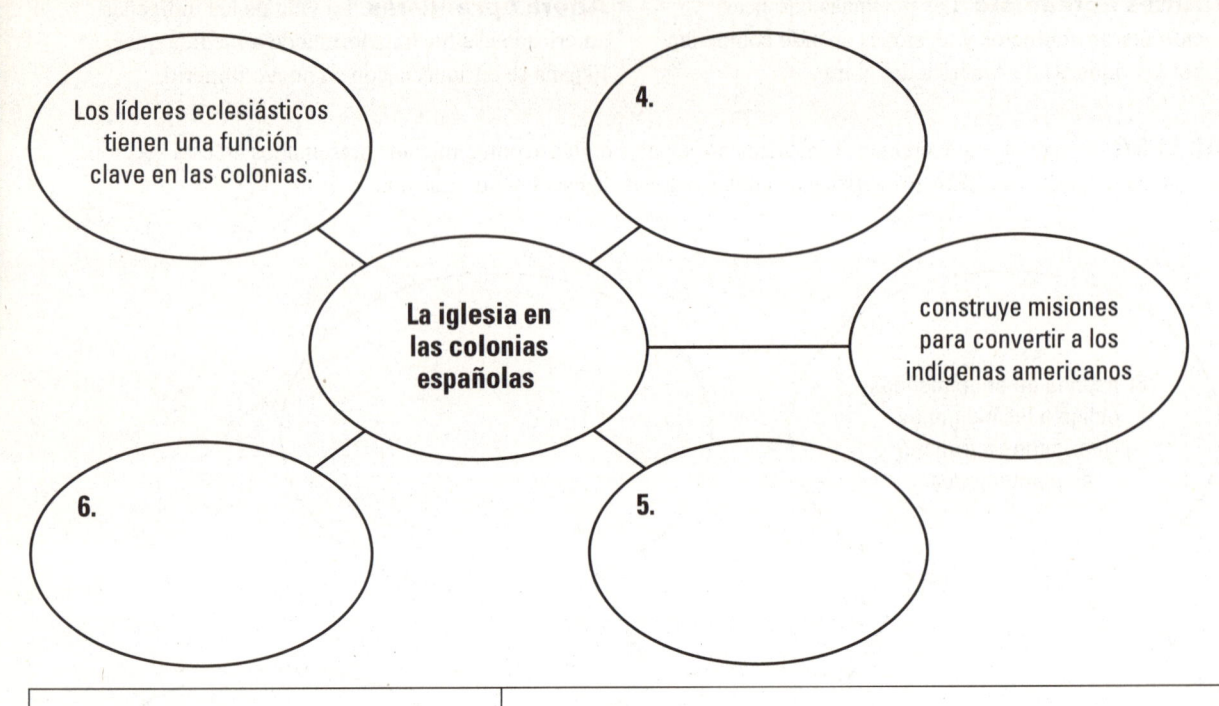

CAPÍTULO 2

```
   Los líderes eclesiásticos          4.
   tienen una función
   clave en las colonias.
                    ╲         ╱
                     ╲       ╱
                      La iglesia en
                      las colonias        ——  construye misiones
                      españolas               para convertir a los
                     ╱       ╲               indígenas americanos
                    ╱         ╲
            6.                    5.
```

¡MÁRCALO! Encierra en un círculo cada término cuando aparezca en tus notas y asegúrate de entender su significado. Si un término no aparece, agrega un círculo y escribe el término donde *mejor* corresponda.	encomienda hacienda misión	Bartolomé de Las Casas intercambio colombino

DESARROLLAR DESTREZAS

Cita de fuente primaria

"Una vez, [los indígenas] saliéndonos a recibir [...] nos dieron gran cantidad de pescado y pan y comida con todo lo que más pudieron; [...] [los españoles] meten a cuchillo en mi presencia (sin motivo ni causa que tuviesen) más de tres mil ánimas que estaban sentados delante de nosotros, hombres y mujeres y niños. Allí vi tan grandes crueldades que nunca los vivos tal vieron ni pensaron ver".

—Bartolomé de Las Casas, de *Brevísima relación de la destrucción de las Indias,* en *Eyewitness to History* (Testigo a la historia), editado por John Carey (1987)

¡Márcalo!

7. **Encierra en un círculo** las palabras que describen de qué manera los indígenas trataron a los españoles.

8. **Subraya** las palabras que describen lo que les hicieron los españoles a los indígenas.

9. **Resume** la reacción del autor ante lo que presenció y relató en este fragmento.

_____

_____

_____

Historia de los Estados Unidos
Capítulo 2, Exploración europea de las Américas

Guía de estudio para la lectura

12

Nombre _____ **Fecha** _____

SECCIÓN 4 | Inicios de la esclavitud en las Américas
Para usar con las páginas 48 a 52

- **Antes aprendiste** A medida que el Imperio Español se expandía en las Américas, la vida de los indígenas americanos se fue transformando.

- **Ahora aprenderás** En las Américas la esclavitud se empleó a gran escala para proveer mano de obra barata a las colonias.

AL LEER Toma notas para comparar y contrastar los acontecimientos de esta sección. Usa el diagrama de comparar y contrastar en ambas páginas de esta hoja de trabajo.

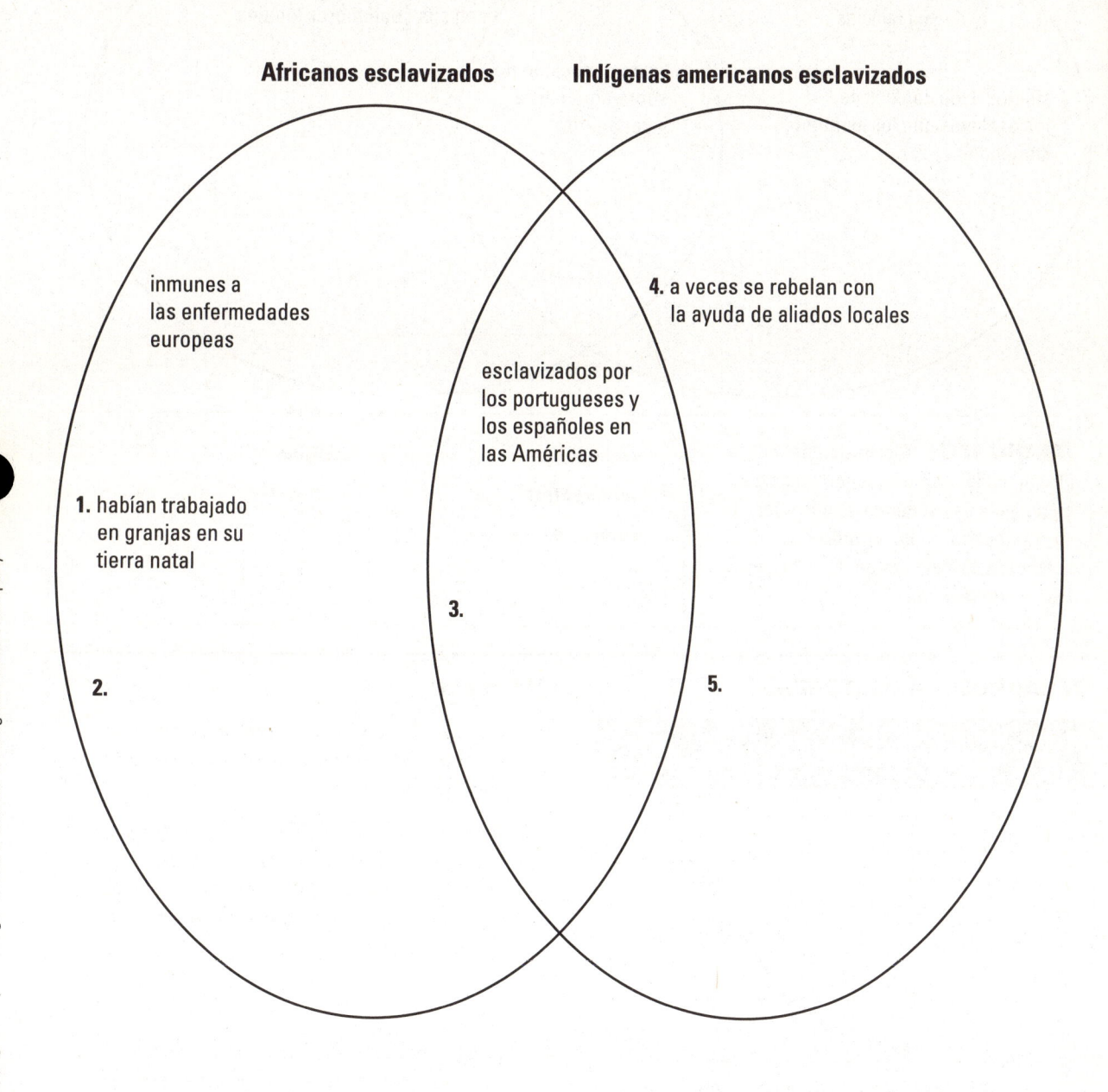

Africanos esclavizados **Indígenas americanos esclavizados**

- inmunes a las enfermedades europeas
- 4. a veces se rebelan con la ayuda de aliados locales
- esclavizados por los portugueses y los españoles en las Américas
- 1. habían trabajado en granjas en su tierra natal
- 2.
- 3.
- 5.

Guía de estudio para la lectura

Historia de los Estados Unidos
Capítulo 2, Exploración europea de las Américas 13

Nombre _____ Fecha _____

SECCIÓN 4: INICIOS DE LA ESCLAVITUD EN LAS AMÉRICAS, *CONTINUACIÓN*

CAPÍTULO 2

Africanos esclavizados

6. separados de su hogar y de sus familias

7. sujetos a los códigos de los esclavos que los mantienen sometidos

8. vasto conocimiento sobre agricultura y ganadería

Africanos en África

libres para vivir de acuerdo con sus costumbres locales

9.

¡MÁRCALO! Encierra en un círculo cada término cuando aparezca en tus notas y asegúrate de entender su significado. Si un término no aparece, escríbelo donde *mejor* corresponda.

esclavitud   racismo

paso central

códigos de esclavos

DESARROLLAR DESTREZAS

Esclavos importados a las Américas

Cantidad de esclavos (en millones)

Años: 1451–1600, 1601–1700, 1701–1810

Fuente: Philip D. Curtin, *The Atlantic Slave Trade*

La gráfica lineal muestra el número de esclavos africanos importados a las Américas entre 1451 y 1810.

¡Márcalo!

10. En la gráfica lineal, **encierra en un círculo** los años en los que la importación de esclavos aumentó más.

11. **Dibuja** un cuadrado alrededor del punto que muestra el número de esclavos importados entre 1601 y 1700. ¿Aproximadamente cuántos esclavos se importaron durante este lapso de tiempo?

_____

12. ¿De qué manera el número de esclavos que se importó afectó la economía de las Américas?

_____

_____

_____

Historia de los Estados Unidos Guía de estudio para la lectura

14 Capítulo 2, Exploración europea de las Américas

Nombre _____ **Fecha** _____

SECCIÓN 1 | El éxito de las primeras colonias es variado
Para usar con las páginas 60 a 65

CAPÍTULO 3

- **Antes aprendiste** Las naciones europeas compitieron para explorar las Américas, donde conquistaron a los pueblos indígenas e introdujeron la esclavitud.

- **Ahora aprenderás** De las tres primeras colonias inglesas, sólo Jamestown logró sobrevivir.

AL LEER Toma notas para comparar y contrastar los acontecimientos de esta sección. Usa la ayuda gráfica para comparar y contrastar en ambas páginas de esta hoja de trabajo.

Colonia de Roanoke	Colonia de Jamestown
fundada por Sir Walter Raleigh	1.
El barco de socorro enviado para buscar ayudar no halla a nadie vivo cuando regresa.	2.
3.	El colono John Rolfe se casa con la princesa powhatan Pocahontas, aliviando así las tensiones con los indígenas americanos.
4.	La colonia tiene éxito.
Ambas	
5.	
6.	
Ambos grupos de colonos están motivados por la envidia que les provoca el éxito de España con el mercantilismo.	

Guía de estudio para la lectura

Historia de los Estados Unidos
Capítulo 3, Los ingleses establecen 13 colonias **15**

SECCIÓN 1: EL ÉXITO DE LAS PRIMERAS COLONIAS ES VARIADO, *CONTINUACIÓN*

Antes de que los colonos cultivaran tabaco	Después de que los colonos cultivaran tabaco
Los colonos luchan para sobrevivir.	7.
Algunos indígenas americanos se enfrentan con los colonos, mientras que otros los ayudan a conseguir alimento.	8.
9.	La colonia de Jamestown tiene una asamblea representativa.
Los colonos permanecen en un área pequeña.	10.
Ambas	
11.	
Los colonos dependen del contacto con Inglaterra para sobrevivir.	

¡MÁRCALO! Encierra en un círculo cada término cuando aparezca en tus notas y asegúrate de entender su significado. Si un término no aparece, escríbelo junto al recuadro donde *mejor* corresponda.

Sir Walter Raleigh   **derecho de terreno**
mercantilismo   **sirviente por contrato**
Jamestown   **Francisco Pizarro**
John Smith

DESARROLLAR DESTREZAS

Cita de fuente primaria

"Hallamos la casa desmantelada y el lugar muy resguardado por una [cerca] alta de grandes árboles, y a uno de los árboles principales[...]le habían quitado la corteza, y a cinco pies del suelo estaba [tallado] CROATOAN en letras mayúsculas grandes, sin ninguna cruz o señal de aflicción".
—de los *Journals* (Diarios) de John White (1590)

¡Márcalo!

12. Lee la cita de fuente primaria. **Encierra en un círculo** la única palabra clave que tienen los historiadores para explicar el destino de la Colonia de Roanoke.

13. ¿Qué crees que les sucedió a los colonos de Roanoke? **Subraya** las palabras de la cita que apoyan tu opinión.

Nombre _____ Fecha _____

SECCIÓN 2 — Las colonias de Nueva Inglaterra
Para usar con las páginas 66 a 73

- **Antes aprendiste** En Jamestown, Virginia, la primera colonia inglesa permanente de Norteamérica, los colonos establecieron un gobierno representativo.

- **Ahora aprenderás** Los colonos ingleses poblaron Nueva Inglaterra, donde instauraron muchas tradiciones políticas y religiosas.

AL LEER Toma notas que enumeren las causas y los efectos de los acontecimientos presentados en esta sección. Usa la ayuda gráfica de causas y efectos en ambas páginas de esta hoja de trabajo.

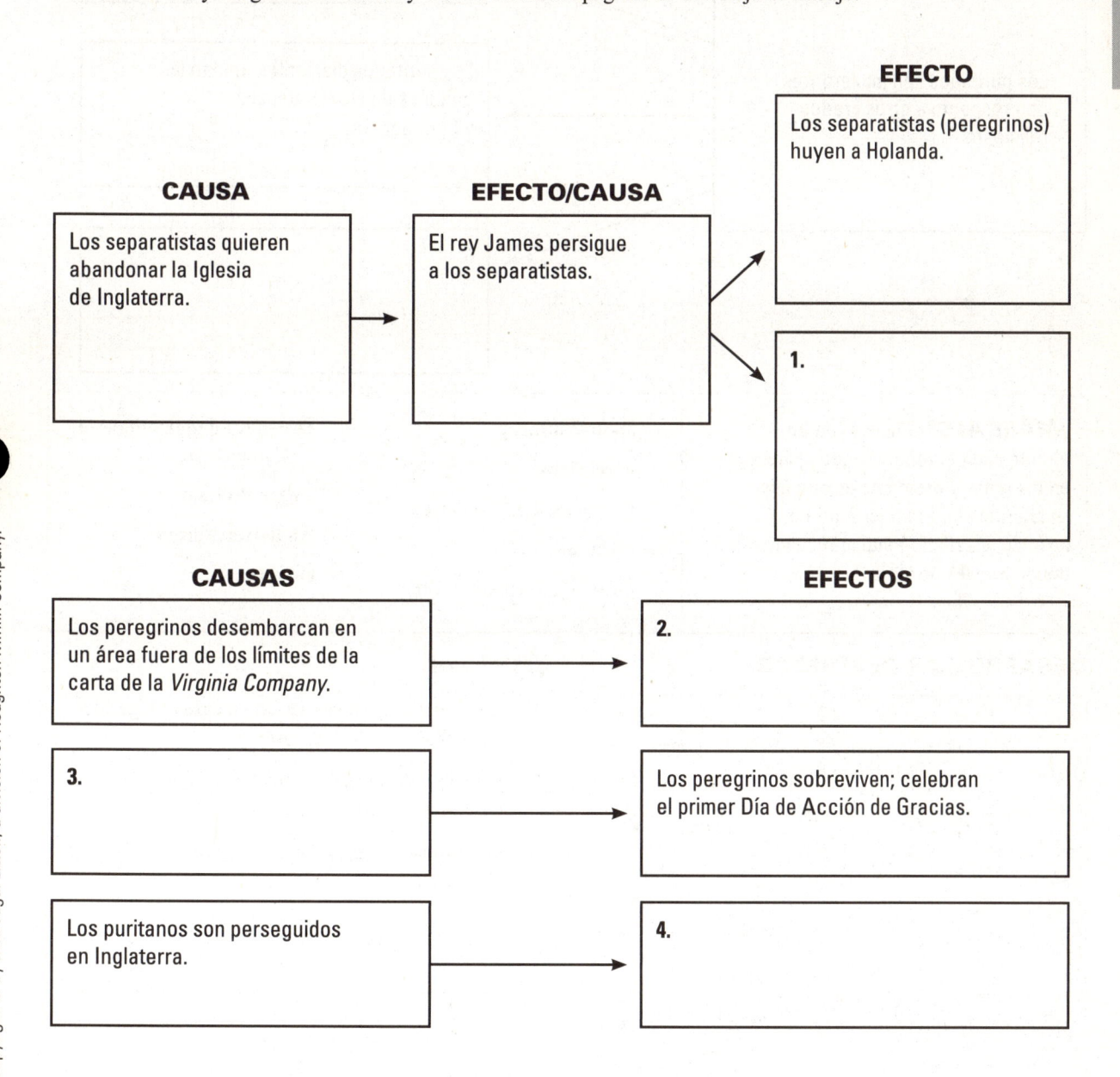

CAUSA
Los separatistas quieren abandonar la Iglesia de Inglaterra.

EFECTO/CAUSA
El rey James persigue a los separatistas.

EFECTO
Los separatistas (peregrinos) huyen a Holanda.

1.

CAUSAS

Los peregrinos desembarcan en un área fuera de los límites de la carta de la *Virginia Company*.

3.

Los puritanos son perseguidos en Inglaterra.

EFECTOS

2.

Los peregrinos sobreviven; celebran el primer Día de Acción de Gracias.

4.

Guía de estudio para la lectura

Historia de los Estados Unidos
Capítulo 3, Los ingleses establecen 13 colonias

Nombre _____ **Fecha** _____

SECCIÓN 2: LAS COLONIAS DE NUEVA INGLATERRA, *CONTINUACIÓN*

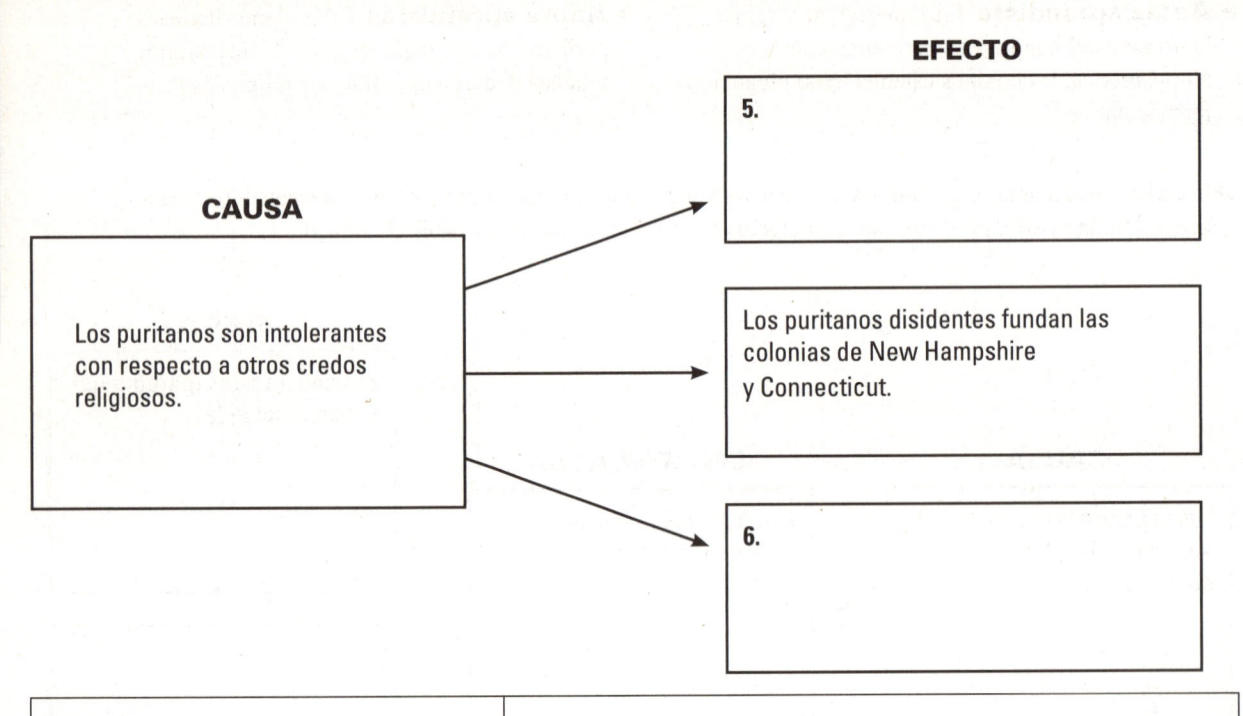

EFECTO

CAUSA

Los puritanos son intolerantes con respecto a otros credos religiosos.

5.

Los puritanos disidentes fundan las colonias de New Hampshire y Connecticut.

6.

¡MÁRCALO! Encierra en un círculo cada término cuando aparezca en tus notas y asegúrate de entender su significado. Si un término no aparece, escríbelo junto al recuadro donde *mejor* corresponda.

John Winthrop

peregrinos

Convenio del Mayflower

puritanos

Gran Migración(s. XVII)

Órdenes Fundamentales de Connecticut

Roger Williams

Anne Hutchinson

cuáqueros

DESARROLLAR DESTREZAS

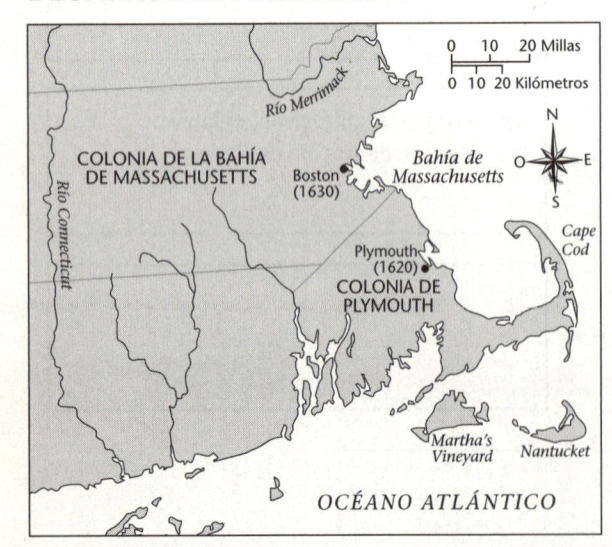

El mapa muestra las colonias de Massachusetts en 1630.

¡Márcalo!

7. En el mapa, **encierra en un círculo** el lugar de desembarco de los peregrinos.

8. **Dibuja** un triángulo alrededor del lugar de desembarco de los puritanos.

9. **Compara** las ubicaciones geográficas de Boston y Plymouth.

_____
_____
_____
_____

Historia de los Estados Unidos
Capítulo 3, Los ingleses establecen 13 colonias

Guía de estudio para la lectura

Nombre _____ Fecha _____

SECCIÓN 3 | **Las colonias del Sur**
Para usar con las páginas 76 a 81

- **Antes aprendiste** La primera colonia inglesa permanente de Norteamérica se fundó en Virginia.

- **Ahora aprenderás** Las nuevas colonias del Sur fueron pobladas por buscadores de fortuna, refugiados religiosos, afroamericanos esclavizados y gente pobre.

AL LEER Toma notas que identifiquen los problemas y las soluciones de los acontecimientos presentados en esta sección. Usa la ayuda gráfica de problemas y soluciones en ambas páginas de esta hoja de trabajo.

CAPÍTULO 3

PROBLEMA	SOLUCIÓN
El tabaco agota los nutrientes del suelo en tres o cuatro años.	1.
2.	importar más esclavos y sirvientes por contrato
Los propietarios de las Carolinas necesitan más pobladores.	3.
4.	Los colonos destituyen a los propietarios y las Carolinas se convierten en colonias reales.

Guía de estudio para la lectura

Historia de los Estados Unidos
Capítulo 3, Los ingleses establecen 13 colonias   **19**

Nombre _____ **Fecha** _____

SECCIÓN 3: LAS COLONIAS DEL SUR, *CONTINUACIÓN*

CAPÍTULO 3

PROBLEMA		SOLUCIÓN
5.	→	James Oglethorpe funda Georgia para personas endeudadas y pobres.
Los españoles atacan a las colonias inglesas desde Florida.	→	6.
Los colonos de Georgia envidian la riqueza de las Carolinas.	→	7.
8.	→	Los colonos pobres se trasladan hacia el oeste, a la frontera.

¡MÁRCALO! Encierra en un círculo cada término cuando aparezca en tus notas y asegúrate de entender su significado. Si un término no aparece, escríbelo junto al recuadro donde **mejor** corresponda.

Lord Baltimore   hugonotes
Margaret Brents   James Oglethorpe
Acta de Tolerancia

DESARROLLAR DESTREZAS

Cita de fuente primaria

"Después de nuestra llegada a Carolina, sufrimos toda clase de desgracias [...] Hemos estado expuestos, desde que partimos de Francia, a todo tipo de aflicciones, tales como enfermedades, pestilencia, hambruna, pobreza y el más duro trabajo [...] Dios ha sido muy bueno con nosotros al permitirnos sobrellevar pruebas de toda clase".

— De "Carta de Judith Giton Manigault", en *History of the Huguenot Emigration to America* (Historia de la emigración hugonote a América), Vol. 2 (1885)

¡Márcalo!

9. Lee tus notas de la sección llamada "Las Carolinas". **Subraya** la razón por la que muchos hugonotes inmigraron a Norteamérica.

10. En la cita de la fuente primaria, **subraya** las dificultades que soportó la familia de Manigault en Carolina.

11. ¿Cómo reaccionó Manigault ante estas dificultades?

_____
_____
_____

Historia de los Estados Unidos
Capítulo 3, Los ingleses establecen 13 colonias

Guía de estudio para la lectura

Nombre _____ Fecha _____

SECCIÓN 4 | Las colonias centrales
Para usar con las páginas 82 a 88

- **Antes aprendiste** Las colonias inglesas de Nueva Inglaterra y del Sur tuvieron dificultades con cuestiones de tolerancia religiosa.

- **Ahora aprenderás** La tolerancia religiosa y la diversidad étnica caracterizaron a las colonias centrales.

AL LEER Toma notas que enumeren las causas y los efectos de los acontecimientos presentados en esta sección. Usa la ayuda gráfica de causas y efectos en ambas páginas de esta hoja de trabajo.

CAUSAS	EFECTOS
La Compañía Holandesa de las Indias Occidentales necesita defender sus asentamientos para el comercio de pieles a lo largo del río Hudson.	1.
2.	La élite de Nueva Holanda se enriquece.
Los Países Bajos tienen una de las sociedades más tolerantes de Europa.	3.
Los ingleses ven a los holandeses como una amenaza.	4.
5.	El rey Charles II le otorga tierras en América a William Penn.
William Penn se convierte en cuáquero en su juventud.	6.
William Penn extiende la libertad religiosa y la igualdad a todos.	7.

CAPÍTULO 3

Guía de estudio para la lectura

Historia de los Estados Unidos
Capítulo 3, Los ingleses establecen 13 colonias **21**

Nombre _____ Fecha _____

SECCIÓN 4: LAS COLONIAS CENTRALES, *CONTINUACIÓN*

CAPÍTULO 3

Los cuáqueros valoran el trabajo arduo y el ahorro.

→ Pennsylvania se convierte en una de las colonias más ricas.

8.

→

¡MÁRCALO! Encierra en un círculo cada término cuando aparezca en tus notas y asegúrate de entender su significado. Si un término no aparece, escríbelo junto al recuadro donde *mejor* corresponda.	Nueva Holanda Peter Stuyvesant William Penn

---

DESARROLLAR DESTREZAS

Gráfica de barras: Población estimada (en miles), Colonias de Nueva Inglaterra, Colonias centrales, Colonias del Sur, años 1650, 1680, 1700, 1720, 1750.

Fuente: *Estadísticas históricas de los Estados Unidos* series, Z 1–20

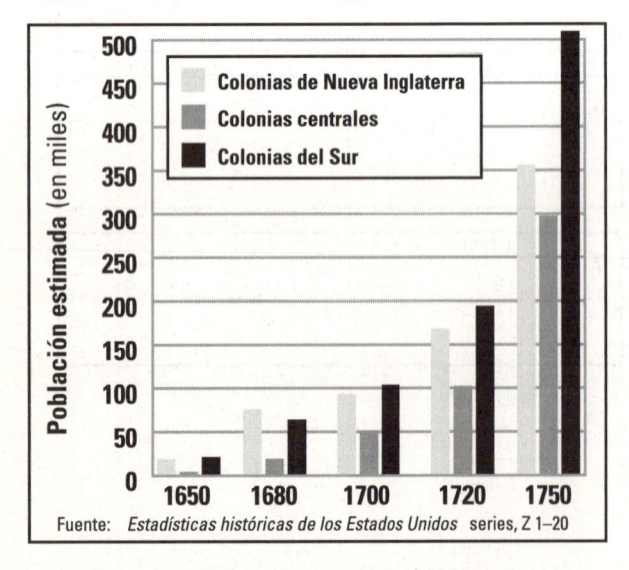

La gráfica de barras muestra el crecimiento demográfico estimado de las colonias británicas entre 1650 y 1750.

¡Márcalo!

9. En la tabla, **encierra en un círculo** el año en que las poblaciones de Nueva Inglaterra y de las colonias del Sur fueron iguales.

10. **Dibuja** un rectángulo alrededor de la cifra que indica la población de las colonias del Sur en 1700.

11. ¿Entre qué años se duplicó la población de las colonias centrales? ¿Entre qué años se triplicó?

_____

_____

Historia de los Estados Unidos
Capítulo 3, Los ingleses establecen 13 colonias

Guía de estudio para la lectura

Nombre _____ Fecha _____

SECCIÓN 1 | **Nueva Inglaterra: Comercio y religión**
Para usar con las páginas 94 a 101

- **Antes aprendiste** Los colonos ingleses instauraron muchas tradiciones políticas y religiosas en Nueva Inglaterra.

- **Ahora aprenderás** La prosperidad y la diversidad religiosa provocaron cambios en la Nueva Inglaterra puritana.

AL LEER Toma notas para enumerar las causas y los efectos de los acontecimientos de esta sección. Usa el diagrama de causa y efecto en ambas páginas de esta hoja de trabajo.

CAUSA | EFECTO

Actas de Navegación
Promulgadas en 1651, las Actas de Navegación aseguraban que Inglaterra obtuviera una cantidad considerable de las ganancias de las colonias americanas.

→ 1.

Comercio del Atlántico
Los colonos de Nueva Inglaterra comercian con los de otras colonias, comercian directamente con Europa y participan del comercio triangular de esclavos.

→ 2.

Guerra del rey Philip
Las tribus de indígenas americanos se levantan contra las colonias puritanas porque amenazan sus territorios y sus zonas de caza.

→ 3.

Cambios en la sociedad puritana
4.

→ 5.

Guía de estudio para la lectura

Historia de los Estados Unidos
Capítulo 4, Las colonias se desarrollan 23

Nombre _____ Fecha _____

SECCIÓN 1: NUEVA INGLATERRA: COMERCIO Y RELIGIÓN, *CONTINUACIÓN*

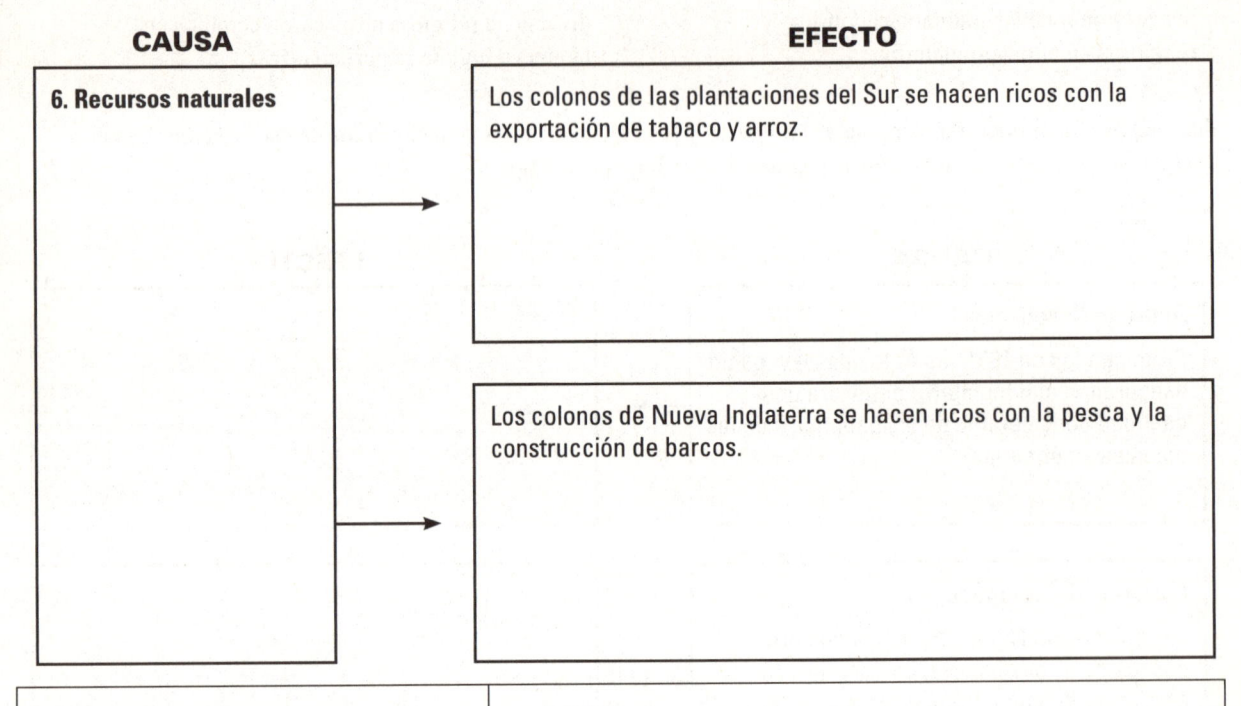

CAUSA

| 6. Recursos naturales |

EFECTO

Los colonos de las plantaciones del Sur se hacen ricos con la exportación de tabaco y arroz.

Los colonos de Nueva Inglaterra se hacen ricos con la pesca y la construcción de barcos.

¡MÁRCALO! Encierra en un círculo cada término cuando aparezca en tus notas y asegúrate de entender su significado. Si un término no aparece, escríbelo junto al recuadro donde *mejor* corresponda.

Backcountry

Actas de Navegación

comercio triangular

Guerra de rey Philip

DESARROLLAR DESTREZAS

Crecimiento económico

- Los comercios producen y venden más.
- Los dueños de comercios ganan más dinero.
- Los dueños pagan salarios más altos y contratan más trabajadores.
- Con más dinero disponible, los trabajadores compran más bienes.
- Los gobiernos recaudan más impuestos debido al aumento de ganancias y de salarios.

El gráfico ilustra el ciclo del crecimiento económico

7. **Relee** tus notas acerca de las "Actas de Navegación". **Encierra en un círculo** el recuadro de la tabla que se refiere a las Actas de Navegación.

8. Al leer tus notas, **subraya** las palabras que describen cómo cambia la economía cuando los trabajadores compran más bienes.

9. **Escribe** *tres* maneras en que los colonos ingleses se beneficiaron del crecimiento económico.

_____
_____
_____

Historia de los Estados Unidos
Capítulo 4, Las colonias se desarrollan

Guía de estudio para la lectura

Nombre _____ **Fecha** _____

SECCIÓN 2 | Las colonias del Sur: Plantaciones y esclavitud

CAPÍTULO 4

- **Antes aprendiste** Los hacendados sureños se enriquecieron con la exportación de tabaco y arroz.
- **Ahora aprenderás** En las colonias del Sur, la necesidad de mano de obra barata ocasionó la dependencia de la esclavitud.

AL LEER Toma notas que enumeren las causas y los efectos de los acontecimientos presentados en esta sección. Usa el diagrama de comparar y contrastar en ambas páginas de esta hoja de trabajo.

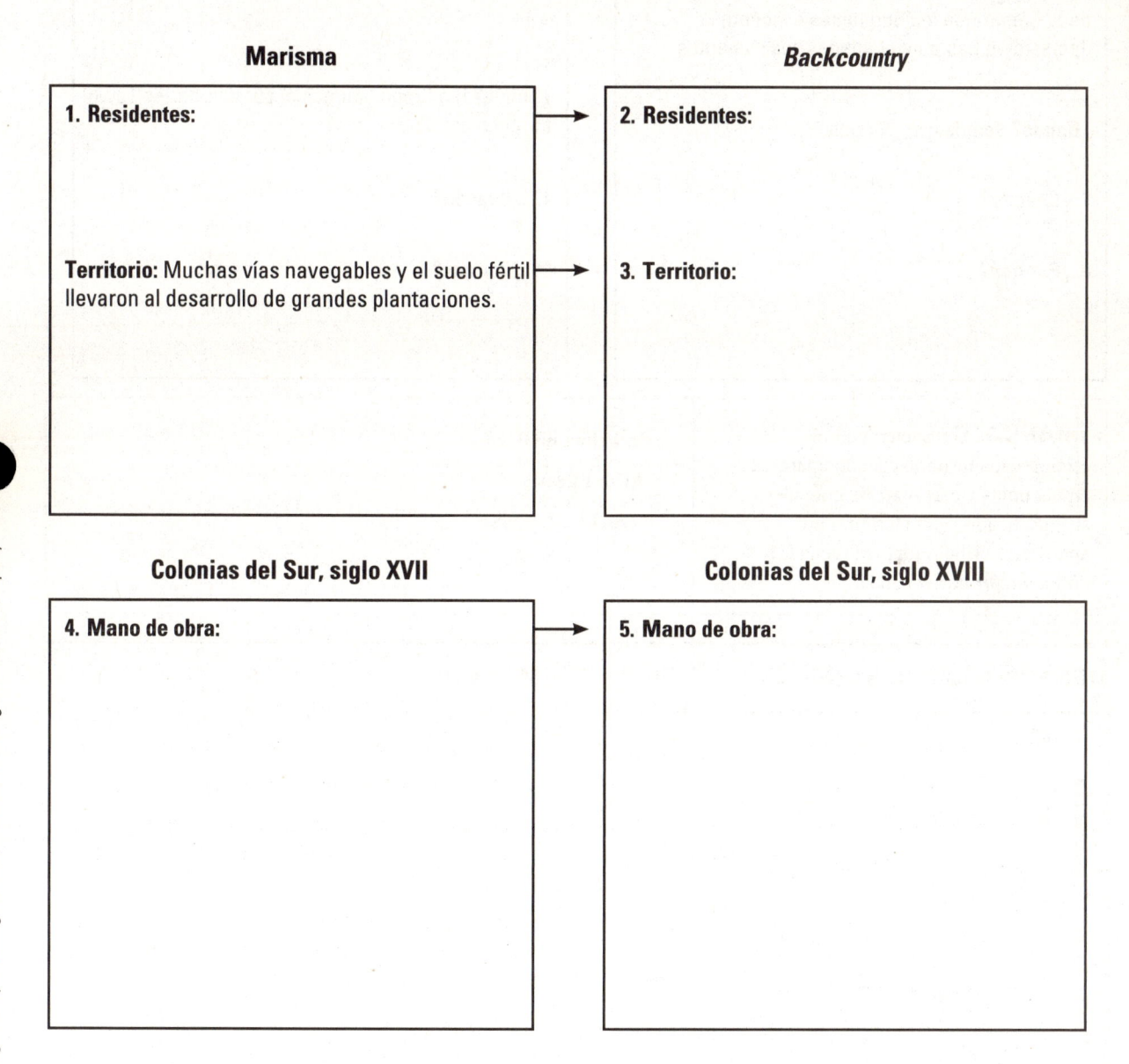

Marisma

1. Residentes:

   Territorio: Muchas vías navegables y el suelo fértil llevaron al desarrollo de grandes plantaciones.

Backcountry

2. Residentes:

3. Territorio:

Colonias del Sur, siglo XVII

4. Mano de obra:

Colonias del Sur, siglo XVIII

5. Mano de obra:

Guía de estudio para la lectura

Historia de los Estados Unidos
Capítulo 4, Las colonias se desarrollan **25**

Nombre _____ Fecha _____

SECCIÓN 2: LAS COLONIAS DEL SUR: PLANTACIONES Y ESCLAVITUD, *CONTINUACIÓN*

Rebelión de Bacon

6. ¿Quién?

¿Qué? levantamiento en el que Nathaniel Bacon lideró un grupo hasta Jamestown, tomó el control de la Cámara de los Burgueses e incendió Jamestown hasta dejar apenas sus cimientos.

¿Dónde? Jamestown, Virginia

7. ¿Cuándo?

8. ¿Por qué?

Rebelión de Stono

¿Quién? esclavos

9. ¿Qué?

¿Dónde? Río Stono, apenas al sur de Charles Town, Carolina del Sur.

10. ¿Cuándo?

11. ¿Por qué?

¡MÁRCALO! Encierra en un círculo cada término cuando aparezca en tus notas y asegúrate de entender su significado. Si un término no aparece, escríbelo junto al recuadro donde *mejor* corresponda.

Rebelión de Bacon

Eliza Lucas

Rebelión de Stono

DESARROLLAR DESTREZAS

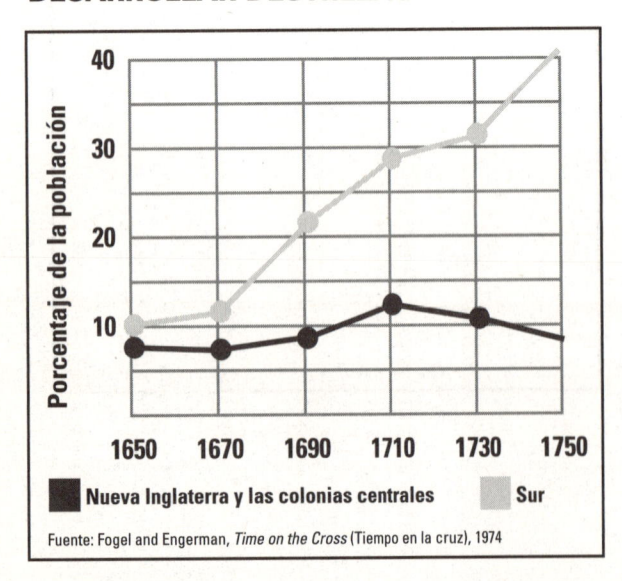

[Gráfica lineal: Porcentaje de la población (eje Y: 0-40) vs Años (eje X: 1650, 1670, 1690, 1710, 1730, 1750). Dos líneas: Nueva Inglaterra y las colonias centrales; Sur. Fuente: Fogel and Engerman, *Time on the Cross* (Tiempo en la cruz), 1974]

La gráfica lineal muestra la población esclavizada entre 1650 y 1750.

¡Márcalo!

12. **Relee** tus notas sobre "La búsqueda de mano de obra barata". **Subraya** todas las estadísticas que se refieran a la población de esclavos.

13. **Dibuja** una "X" en la gráfica de población esclavizada en el punto que muestra la población de esclavos del Sur en 1690.

14. **Escribe una** oración que resuma la información mostrada en la gráfica.

_____
_____
_____

Historia de los Estados Unidos
Capítulo 4, Las colonias se desarrollan

Guía de estudio para la lectura

Nombre _____ Fecha _____

SECCIÓN 3 | **Las colonias centrales: Granjas y ciudades**

- **Antes aprendiste** Las colonias centrales atrajeron una población diversa que estaba a favor de la tolerancia religiosa.

- **Ahora aprenderás** La fértil tierra de cultivo y un clima de tolerancia contribuyeron a que las colonias centrales prosperaran.

AL LEER Toma notas que enumeren las ideas principales y los detalles de los acontecimientos presentados en esta sección. Usa el diagrama de ideas principales y detalles en ambas páginas de esta hoja de trabajo.

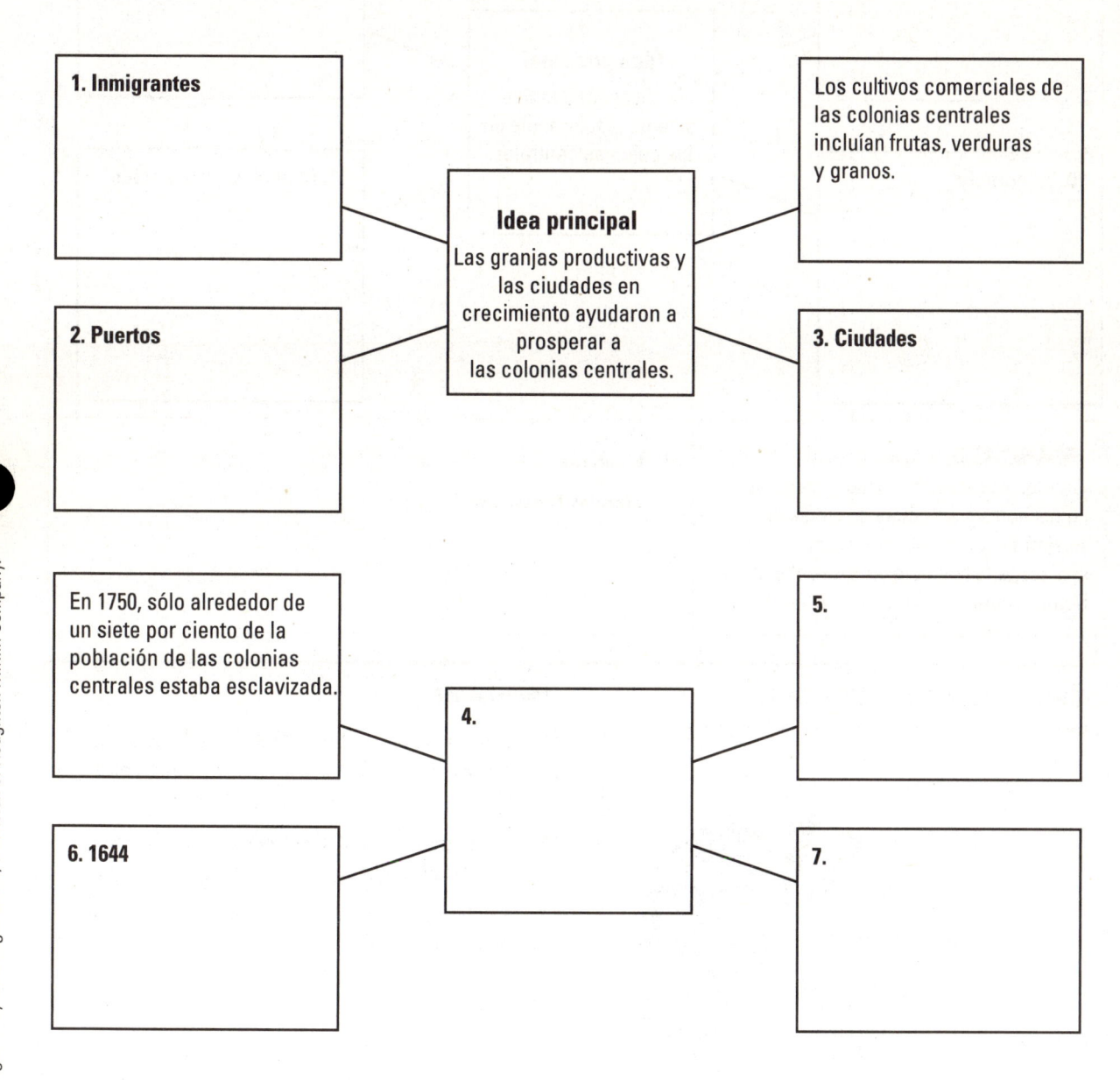

1. Inmigrantes

Idea principal
Las granjas productivas y las ciudades en crecimiento ayudaron a prosperar a las colonias centrales.

Los cultivos comerciales de las colonias centrales incluían frutas, verduras y granos.

2. Puertos

3. Ciudades

En 1750, sólo alrededor de un siete por ciento de la población de las colonias centrales estaba esclavizada.

4.

5.

6. 1644

7.

Guía de estudio para la lectura

Historia de los Estados Unidos
Capítulo 4, Las colonias se desarrollan **27**

Nombre _____ **Fecha** _____

SECCIÓN 3: LAS COLONIAS CENTRALES: GRANJAS Y CIUDADES, *CONTINUACIÓN*

8. Alemanes

9. Holandeses y cuáqueros

Idea principal
La diversidad étnica fomentó la tolerancia en las colonias centrales.

10. Tolerancia

11. Modelo para la nación

¡MÁRCALO! Encierra en un círculo cada término cuando aparezca en tus notas y asegúrate de entender su significado. Si un término no aparece, añade un círculo y escribe el término donde *mejor* corresponda.

Filadelfia

carretas conestoga

DESARROLLAR DESTREZAS

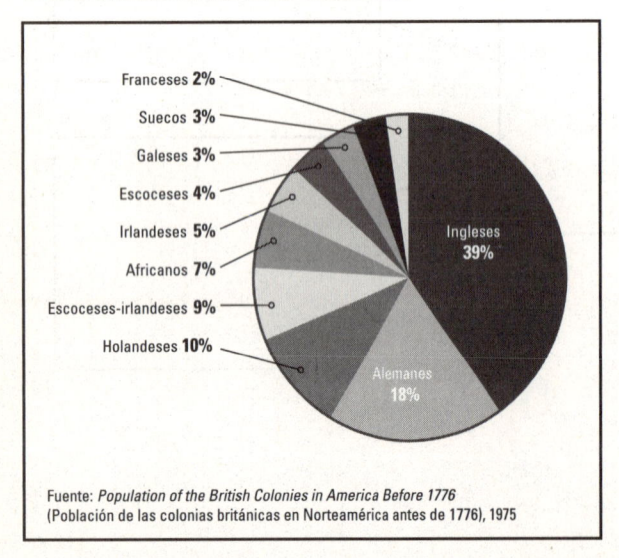

Franceses 2%
Suecos 3%
Galeses 3%
Escoceses 4%
Irlandeses 5%
Africanos 7%
Escoceses-irlandeses 9%
Holandeses 10%
Alemanes 18%
Ingleses 39%

Fuente: *Population of the British Colonies in America Before 1776*
(Población de las colonias británicas en Norteamérica antes de 1776), 1975

La gráfica circular muestra grupos étnicos no nativos en las colonias centrales de la primera época.

¡Márcalo!

12. **Relee** tus notas sobre "Diversidad y tolerancia". **Subraya** los diferentes grupos de inmigrantes mencionados.

13. En la gráfica circular, **subraya** los tres grupos étnicos más grandes.

14. **Encierra en un círculo** el grupo que no provino de Europa.

Historia de los Estados Unidos
Capítulo 4, Las colonias se desarrollan

Guía de estudio para la lectura

Nombre _____ Fecha _____

SECCIÓN 4 | El *backcountry*

- **Antes aprendiste** Los colonos más pobres se desplazaron a las partes más lejanas del oeste de Virginia y otras colonias.

- **Ahora aprenderás** Los pobladores del *backcountry* desarrollaron su propia cultura y tradiciones regionales.

AL LEER Toma notas que comparen y contrasten la vida del *backcountry* con la vida en otras colonias. Usa el diagrama en ambas páginas de esta hoja de trabajo.

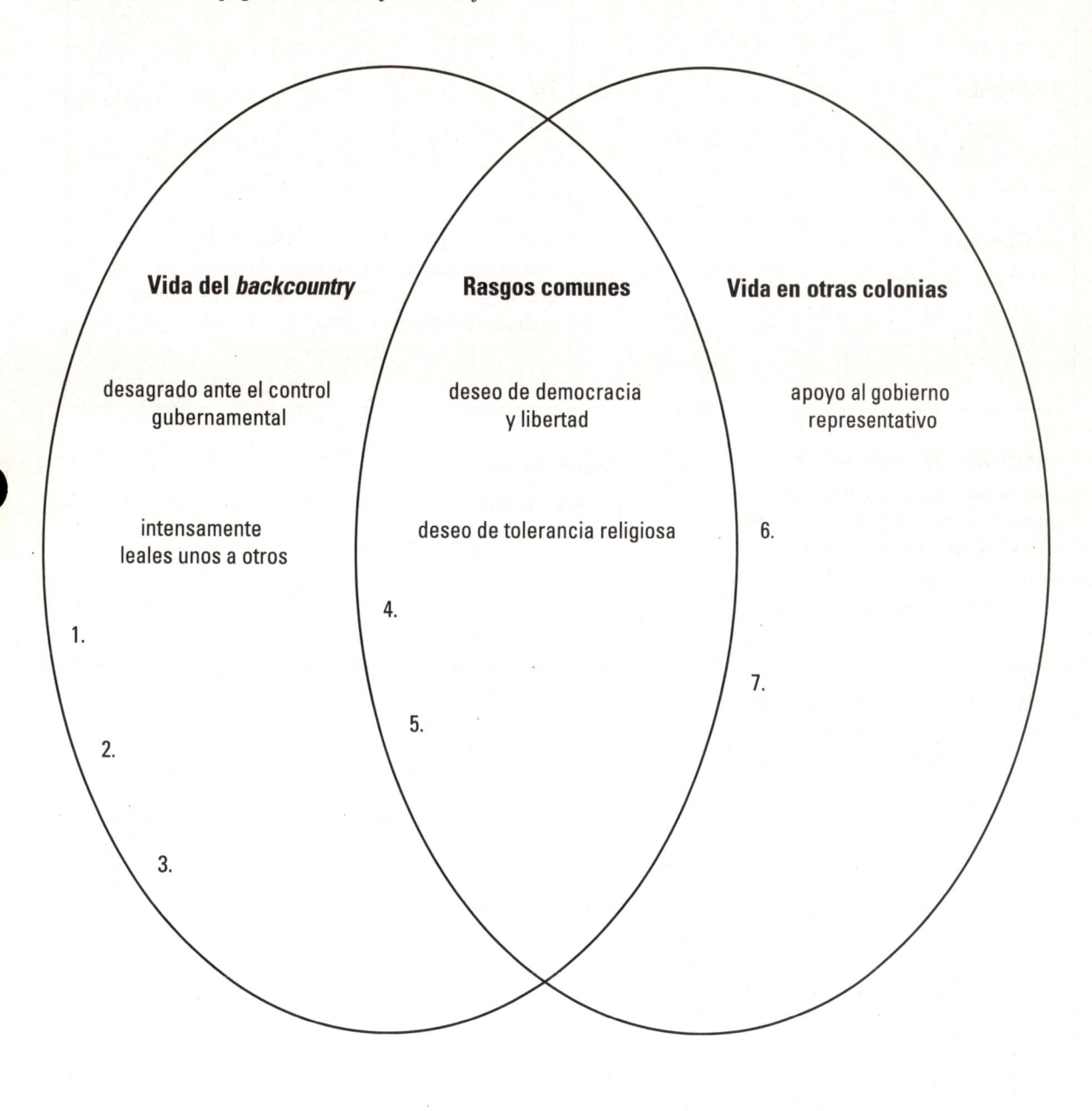

Vida del *backcountry*

desagrado ante el control gubernamental

intensamente leales unos a otros

1.

2.

3.

Rasgos comunes

deseo de democracia y libertad

deseo de tolerancia religiosa

4.

5.

Vida en otras colonias

apoyo al gobierno representativo

6.

7.

Guía de estudio para la lectura

Historia de los Estados Unidos
Capítulo 4, Las colonias se desarrollan

Nombre _____ **Fecha** _____

SECCIÓN 4: EL *BACKCOUNTRY*, CONTINUACIÓN

Backcountry	**Otras colonias**
8. Clima	largos inviernos en Nueva Inglaterra; temporada de cultivo cálida, casi durante todo el año, en el Sur; inviernos cortos en las colonias centrales.
9. Recursos	**11.**
10. Economía	granjas pequeñas, pesca y comercio en Nueva Inglaterra; economía de plantación en el Sur; granjas grandes con cultivos comerciales en las colonias centrales.

¡MÁRCALO! Encierra en un círculo cada término donde aparezca en tus notas y asegúrate de entender su significado. Si un término no aparece, escríbelo en el círculo o en el recuadro donde **mejor** corresponda.

montes Apalaches

escoceses-irlandeses

DESARROLLAR DESTREZAS

¡Márcalo!

12. En el mapa, **dibuja** una línea gruesa entre el *backcountry* y las otras regiones coloniales.

13. ¿Cuáles son las **tres** características geográficas que separan el *backcountry* de las otras colonias? **Encierra en un círculo** la característica que aparece en el mapa.

_____
_____
_____

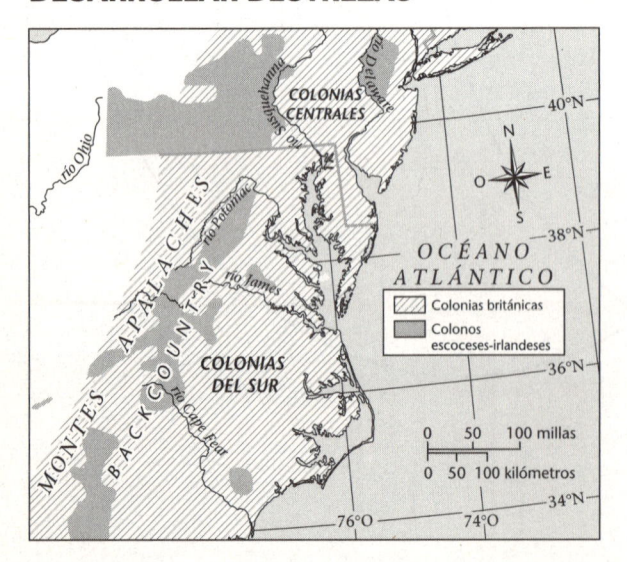

Este mapa del *backcountry* muestra dónde vivían los pobladores escoceses-irlandeses en 1750.

Historia de los Estados Unidos
Capítulo 4, Las colonias se desarrollan

Guía de estudio para la lectura

Nombre _____ Fecha _____

SECCIÓN 1 | Los inicios de la cultura americana

- **Antes aprendiste** Los pobladores coloniales provenían de diferentes contextos y establecieron economías variadas y prósperas.

- **Ahora aprenderás** Las colonias británicas desarrollaron una cultura única forjada por la prosperidad, la alfabetización y los nuevos movimientos en materia de religión y pensamiento.

AL LEER Toma notas que enumeren las ideas principales y los detalles de los acontecimientos presentados en esta sección. Usa la ayuda gráfica de ideas principales y detalles en ambas páginas de esta hoja de trabajo.

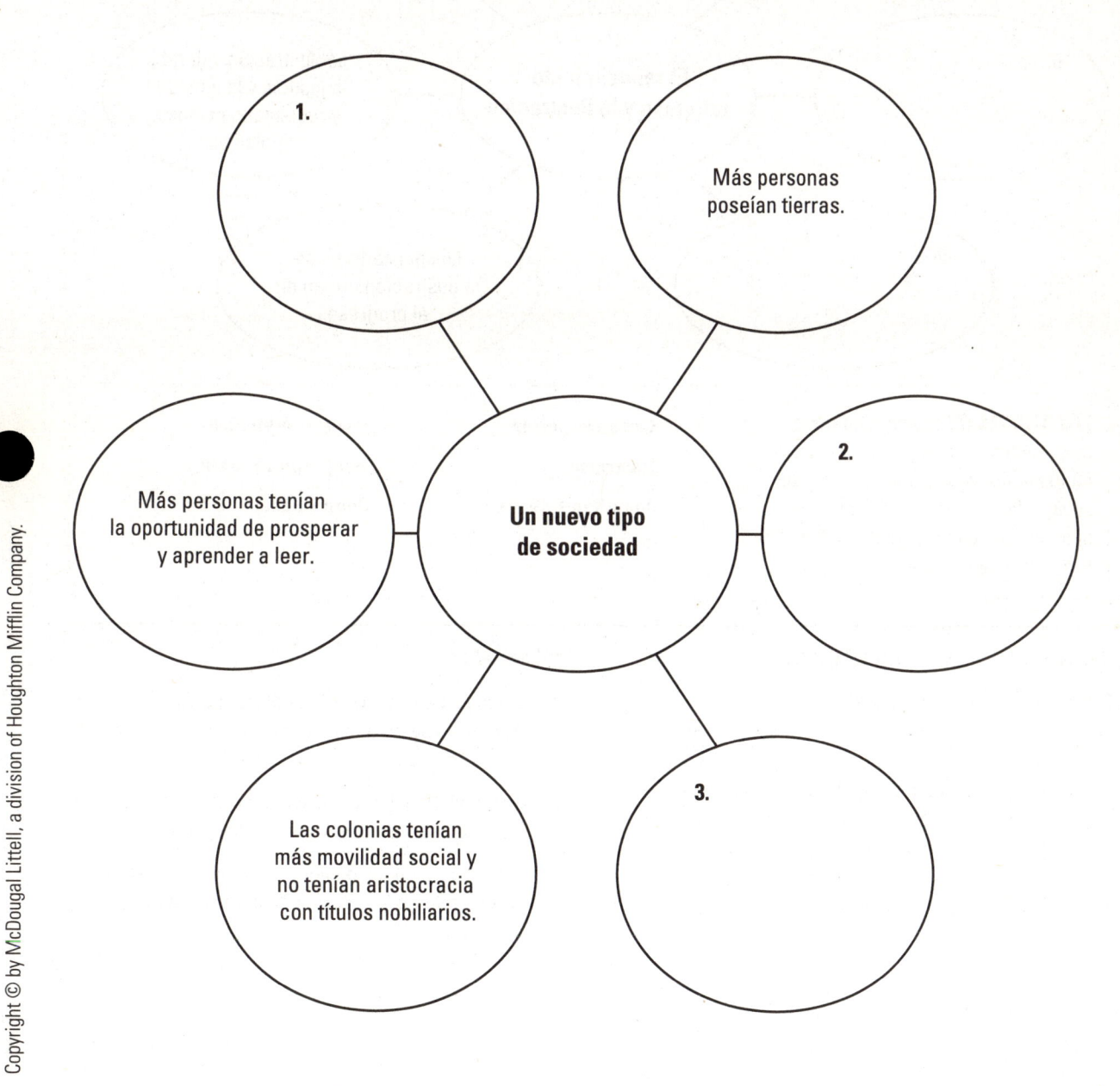

CAPÍTULO 5

Diagrama de ideas principales y detalles — centro: **Un nuevo tipo de sociedad**

- 1. _____
- Más personas poseían tierras.
- 2. _____
- 3. _____
- Las colonias tenían más movilidad social y no tenían aristocracia con títulos nobiliarios.
- Más personas tenían la oportunidad de prosperar y aprender a leer.

Guía de estudio para la lectura

Historia de los Estados Unidos
Capítulo 5, El comienzo de una identidad americana **31**

SECCIÓN 1: LOS INICIOS DE LA CULTURA AMERICANA, *CONTINUACIÓN*

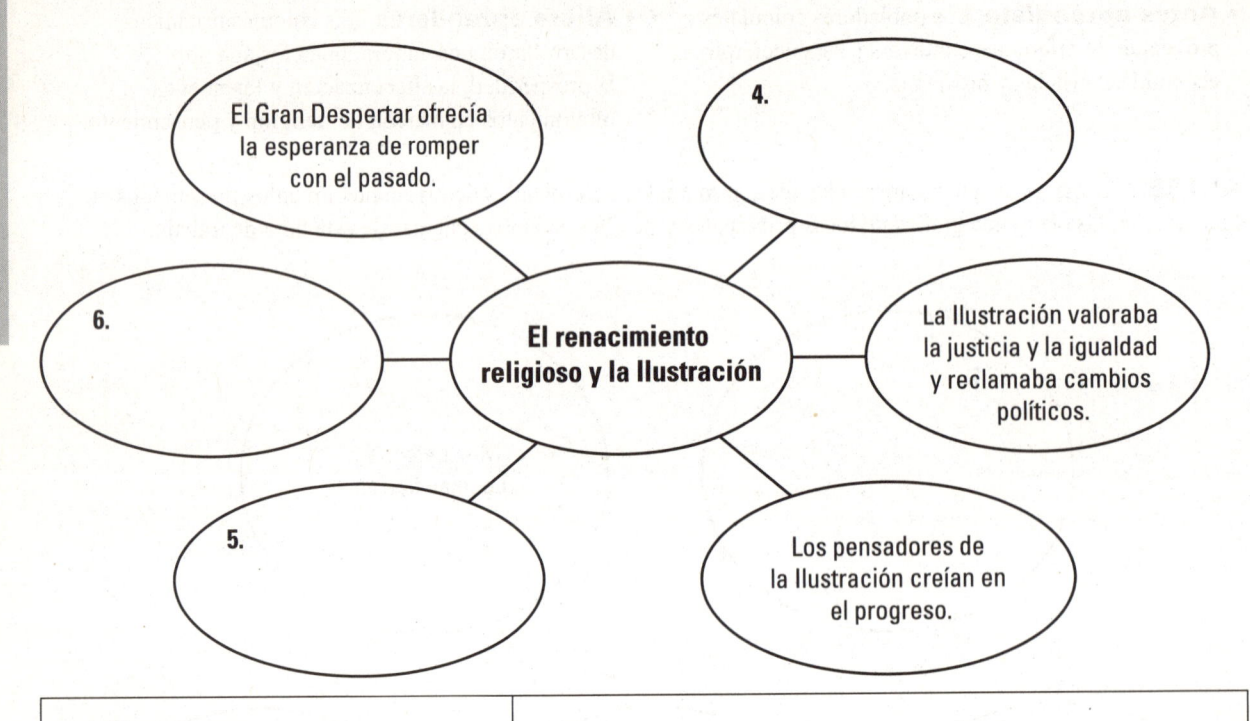

- El Gran Despertar ofrecía la esperanza de romper con el pasado.
- 4.
- 6.
- **El renacimiento religioso y la Ilustración**
- La Ilustración valoraba la justicia y la igualdad y reclamaba cambios políticos.
- 5.
- Los pensadores de la Ilustración creían en el progreso.

¡MÁRCALO! Encierra en un círculo cada término donde aparezca en tus notas y asegúrate de entender su significado. Si un término no aparece, dibuja un círculo y escribe el término donde *mejor* corresponda.

Gran Despertar	George Whitefield
Ilustración	Benjamin Franklin
Jonathan Edwards	John Locke

DESARROLLAR DESTREZAS

Cita de fuente primaria

"Gran parte de mi tiempo lo paso en mis experimentos con el índigo, la planta que produce esa tintura azul tan hermosa [...] También me he esforzado en llevar al jengibre [y] al algodón [...] a la perfección [pero] tengo mis mayores esperanzas puestas en el índigo".
—Eliza Lucas Pinckney, cita de *Colonies and Revolution* (Las colonias y la Revolución)

¡Márcalo!

7. **Encierra en un círculo** la planta por cuyo desarrollo se hizo más famosa Eliza Lucas Pinckney.

8. **Subraya** la palabra que describe la meta de los experimentos de Pinckney con las plantas.

9. ¿De qué modo las palabras de Pinckney ofrecen un ejemplo de los efectos de la filosofía de la Ilustración?

_____
_____
_____
_____

Historia de los Estados Unidos
Capítulo 5, El comienzo de una identidad americana

Guía de estudio para la lectura

Nombre _____ Fecha _____

SECCIÓN 2 | Las raíces de la democracia estadounidense

- **Antes aprendiste** Las colonias británicas compartían una cultura única forjada por la prosperidad, la alfabetización y los nuevos movimientos en el ámbito de la religión y del pensamiento.

- **Ahora aprenderás** La democracia estadounidense tiene sus raíces en la tradición inglesa del gobierno representativo.

CAPÍTULO 5

AL LEER Toma notas que enumeren los acontecimientos presentados en esta sección en el orden en que ocurrieron. Usa las cadenas de secuencia en ambas páginas de esta hoja de trabajo.

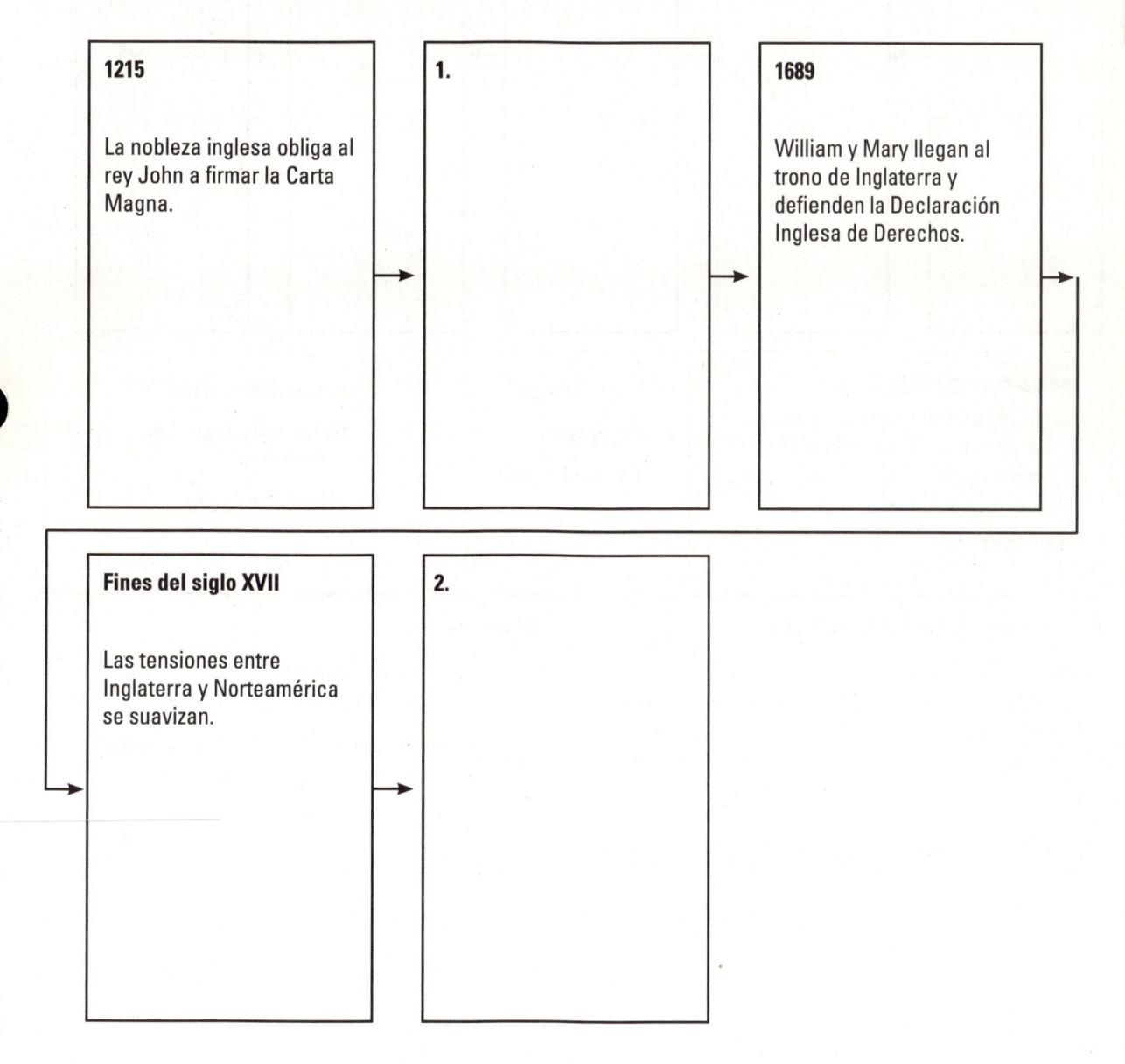

1215

La nobleza inglesa obliga al rey John a firmar la Carta Magna.

→

1.

→

1689

William y Mary llegan al trono de Inglaterra y defienden la Declaración Inglesa de Derechos.

→

Fines del siglo XVII

Las tensiones entre Inglaterra y Norteamérica se suavizan.

→

2.

Guía de estudio para la lectura

Historia de los Estados Unidos
Capítulo 5, El comienzo de una identidad americana 33

SECCIÓN 2: LAS RAÍCES DE LA DEMOCRACIA ESTADOUNIDENSE, *CONTINUACIÓN*

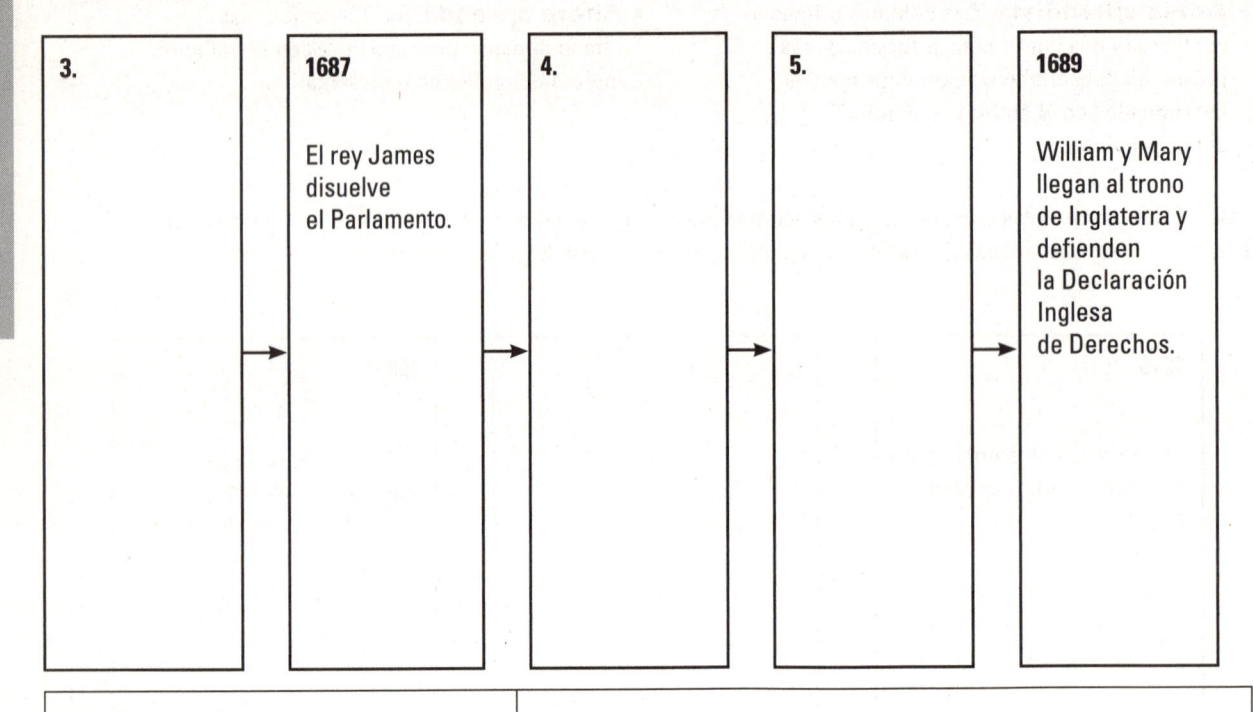

3.	1687 — El rey James disuelve el Parlamento.	4.	5.	1689 — William y Mary llegan al trono de Inglaterra y defienden la Declaración Inglesa de Derechos.

¡MÁRCALO! Encierra en un círculo cada término donde aparezca en tus notas y asegúrate de entender su significado. Si un término no aparece, escríbelo fuera del recuadro donde *mejor* corresponda

Carta Magna

Parlamento

Edmund Andros

Revolución Gloriosa

Declaración Inglesa de Derechos

John Peter Zenger

DESARROLLAR DESTREZAS

Fragmento de fuente primaria

"Ningún hombre libre será aprehendido ni encarcelado, ni despojado de sus derechos o pertenencias, ni exiliado [...] ni se le abrirá causa [...] en su contra [...] excepto por el juzgamiento legal de sus pares o mediante la ley del país".

—Carta Magna, traducida en *A Documentary History of England* (Historia documental de Inglaterra)

¡Márcalo!

6. **Encierra en un círculo** las palabras que se refieran al derecho a un juicio por jurado.

7. **Subraya** las acciones que el rey ya no podía llevar a cabo contra los ciudadanos libres.

SECCIÓN 3 | La Guerra Franco-Indígena

- **Antes aprendiste** Los franceses habían fundado colonias y establecido una relación comercial con los pueblos nativos de América del Norte.

- **Ahora aprenderás** Los reclamos territoriales y la rivalidad entre las potencias europeas, los colonos y los indígenas americanos provocaron una guerra que unió a las colonias en contra de un enemigo común.

AL LEER Toma notas que enumeren las causas y los efectos de los acontecimientos presentados en esta sección. Usa la tabla en ambas páginas de esta hoja de trabajo.

Causas	Efectos
1.	Los indígenas americanos se vieron involucrados en los conflictos entre los europeos.
Los virginianos pensaban que tenían un reclamo válido sobre el territorio del valle del río Ohio.	2.
3.	Los franceses y sus aliados atacaron el fuerte Necessity, iniciando así la Guerra Franco-Indígena.
Luego de sufrir una rotunda derrota cerca del fuerte Duquesne, los británicos reunieron sus tropas y vencieron a los franceses en la batalla de Quebec.	4.
5.	Francia perdió casi todo el control en Norteamérica e Inglaterra expandió su imperio colonial.

Guía de estudio para la lectura

Nombre _____ Fecha _____

SECCIÓN 3: LA GUERRA FRANCO-INDÍGENA, *CONTINUACIÓN*

Causas	Efectos
6.	Rebelión de Pontiac
Los oficiales británicos invitaron a los líderes lenni lenape a dialogar y les dieron de regalo mantas infectadas con viruela.	7.
8.	Las tensiones entre los colonos y Gran Bretaña se incentivaron, instaurando así el escenario para la Guerra Revolucionaria.

¡MÁRCALO! Encierra en un círculo cada término donde aparezca en tus notas y asegúrate de entender su significado. Si un término no aparece, escríbelo fuera del recuadro donde *mejor* corresponda.

Rebelión de Pontiac

Guerra Franco-Indígena

Plan de la Unión de Albany

batalla de Quebec

Tratado de París (1763)

Proclamación de 1763

DESARROLLAR DESTREZAS

¡Márcalo!

9. **Encierra en un círculo** el campo de batalla que marcó el punto crucial en la Guerra Franco-Indígena.

10. **Subraya** el país europeo al que pertenecía Luisiana antes de pertenecer a los españoles.

11. ¿Cómo se transformó el imperio británico después de la Guerra Franco-Indígena?

_____
_____
_____

El mapa muestra los límites de los reclamos territoriales europeos que siguieron a la Guerra Franco-Indígena de 1763.

Historia de los Estados Unidos
Capítulo 5, El comienzo de una identidad americana

Guía de estudio para la lectura

Nombre _____ Fecha _____

SECCIÓN 1 | **Un control británico más estricto**
Para usar con las páginas 156 a 159

- **Antes aprendiste** Los británicos trataron de evitar que los colonos se establecieran en la frontera occidental.

- **Ahora aprenderás** Los colonos consideraron los intentos británicos para aumentar el control sobre las colonias como una violación a sus derechos.

AL LEER Toma notas para comparar y contrastar los acontecimientos de esta sección. Usa la tabla de comparar y contrastar en ambas páginas de esta hoja de trabajo.

Parlamento	Colonos
cree que los colonos deberían pagar por su propia defensa	1.
2.	temen que el Acta de Alojamiento sea utilizada para restringir libertades
promulga el Acta del Azúcar y el Acta del Timbre para recaudar impuestos de los colonos	3.

Guía de estudio para la lectura

Historia de los Estados Unidos
Capítulo 6, El camino a la Revolución   37

Nombre _____ **Fecha** _____

SECCIÓN 1: UN CONTROL BRITÁNICO MÁS ESTRICTO, *CONTINUACIÓN*

Parlamento	Colonos
4.	organizan el Congreso del Acta del Timbre para presentar una petición al rey
5.	Los Hijos de la Libertad atacan a funcionarios aduaneros; otros boicotean productos británicos.
promulga el Acta de Declaración, reclamando autoridad suprema para gobernar las colonias	6.

¡MÁRCALO! Encierra en un círculo cada término cuando aparezca en tus notas y asegúrate de entender su significado. Si un término no aparece, escríbelo junto al recuadro donde *mejor* corresponda.

Rey George III   Acta del Timbre

Acta de Alojamiento   Patrick Henry

Acta del Azúcar   Hijos de la Libertad

DESARROLLAR DESTREZAS

Cita de fuente primaria

III. Que es indudablemente esencial para la libertad de las personas, y es el indiscutido derecho de los ingleses, que no se les cobre impuestos sin contar con su propio consentimiento, dado en forma personal o por sus representantes.

— de "Resoluciones del Congreso del Acta del Timbre", en *Grandes asuntos de la historia Americana*, Vol. 1. (1958)

¡Márcalo!

7. **Encierra en un círculo** la palabra de la fuente primaria que indica el origen del enojo de los colonos.

8. **Subraya** las condiciones bajo las cuales los colonos estarían dispuestos a pagar impuestos a Inglaterra.

9. ¿Qué dos leyes aprobadas por el Parlamento impulsaron la creación del Congreso del Acta del Timbre?

   _____

   _____

Historia de los Estados Unidos
Capítulo 6, El camino a la Revolución

Nombre _____ Fecha _____

SECCIÓN 2 | Aumenta la resistencia colonial

- **Antes aprendiste** Los colonos consideraron los intentos británicos de aumentar el control sobre las colonias como una violación de sus derechos.
- **Ahora aprenderás** Muchos colonos se organizaron para oponerse a la política británica.

AL LEER Toma notas que enumeren las causas y los efectos de los acontecimientos presentados en esta sección. Usa el diagrama de causas y efectos en ambas páginas de esta hoja de trabajo.

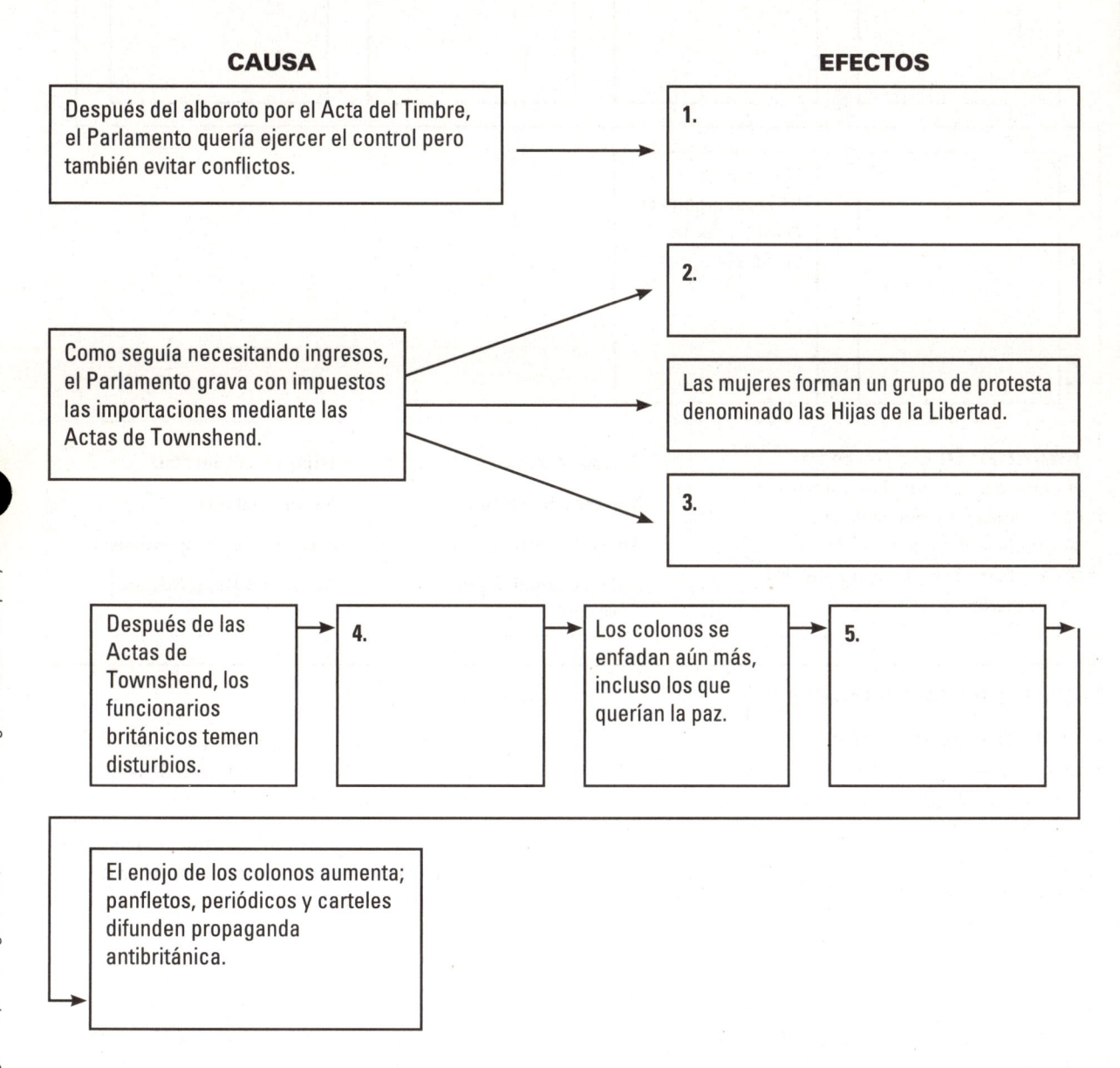

CAUSA → **EFECTOS**

Después del alboroto por el Acta del Timbre, el Parlamento quería ejercer el control pero también evitar conflictos. → 1.

Como seguía necesitando ingresos, el Parlamento grava con impuestos las importaciones mediante las Actas de Townshend. →
- 2.
- Las mujeres forman un grupo de protesta denominado las Hijas de la Libertad.
- 3.

Después de las Actas de Townshend, los funcionarios británicos temen disturbios. → 4. → Los colonos se enfadan aún más, incluso los que querían la paz. → 5. →

El enojo de los colonos aumenta; panfletos, periódicos y carteles difunden propaganda antibritánica.

Guía de estudio para la lectura

Historia de los Estados Unidos
Capítulo 6, El camino a la Revolución **39**

CAPÍTULO 6

Nombre _____ **Fecha** _____

SECCIÓN 2: AUMENTA LA RESISTENCIA COLONIAL, *CONTINUACIÓN*

CAPÍTULO 6

| El Parlamento revoca las Actas de Townshend pero conserva un impuesto al té. | → | 6. | → | 7. | → | El Parlamento aprueba el Acta del Té. | → |

| 8. | → | Los Hijos de la Libertad organizan el Motín del Té en Boston. | → |

| **¡MÁRCALO!** Encierra en un círculo cada término donde aparezca en tus notas y asegúrate de entender su significado. Si un término no aparece, escríbelo junto al recuadro donde *mejor* corresponda. | **Crispus Attucks**
 Masacre de Boston
 Actas de Townshend
 órdenes judiciales de registro | **Hijas de la Libertad**
 Samuel Adams
 comité de correspondencia
 Motín del Té en Boston |

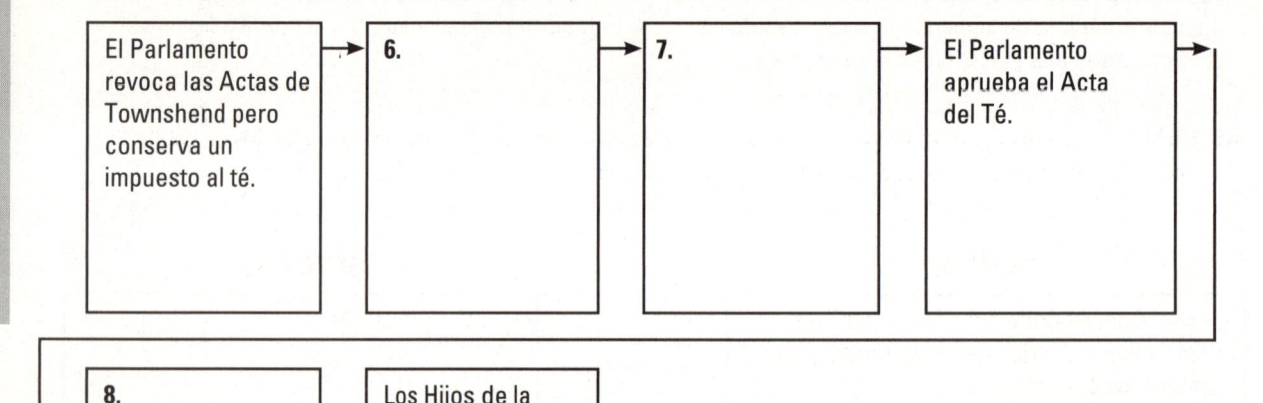

DESARROLLAR DESTREZAS

Cita de fuente primaria

"Entonces nuestro comandante nos ordenó abrir las escotillas y sacar todas las cajas de té y tirarlas por la borda [...] En aproximadamente tres horas, desde el momento en que subimos a bordo, de esta manera habíamos roto y tirado por la borda todas las cajas de té que hallamos en el barco; mientras que aquellos que estaban en los otros barcos estaban haciendo lo mismo con el té, al mismo tiempo que nosotros".

— George Hewes, cita de *A Retrospective of the Boston Tea-Party* (Un relato retrospectivo del Motín del Té en Boston)

¡Márcalo!

9. En la cita de fuente primaria, **subraya** las palabras que se refieren a la cantidad de té que fue destruido.

10. ¿A qué organización es probable que perteneciera Hewes? **Encierra en un círculo** el nombre de este grupo donde aparezca en tus notas.

_____

11. Basándote en esta cita, ¿crees que Hewes se arrepiente de sus acciones durante el Motín del Té de Boston?

_____
_____
_____
_____

Historia de los Estados Unidos
Capítulo 6, El camino a la Revolución

Guía de estudio para la lectura

Nombre _____ Fecha _____

SECCIÓN 3 | El camino a Lexington y Concord

- **Antes aprendiste** Muchos norteamericanos se organizaron para oponerse a las políticas británicas.
- **Ahora aprenderás** Las tensiones entre Gran Bretaña y las colonias condujeron al estallido de la Guerra Revolucionaria.

AL LEER Toma notas que hagan generalizaciones acerca de los acontecimientos presentados en esta sección. Usa el mapa conceptual en ambas páginas de esta hoja de trabajo.

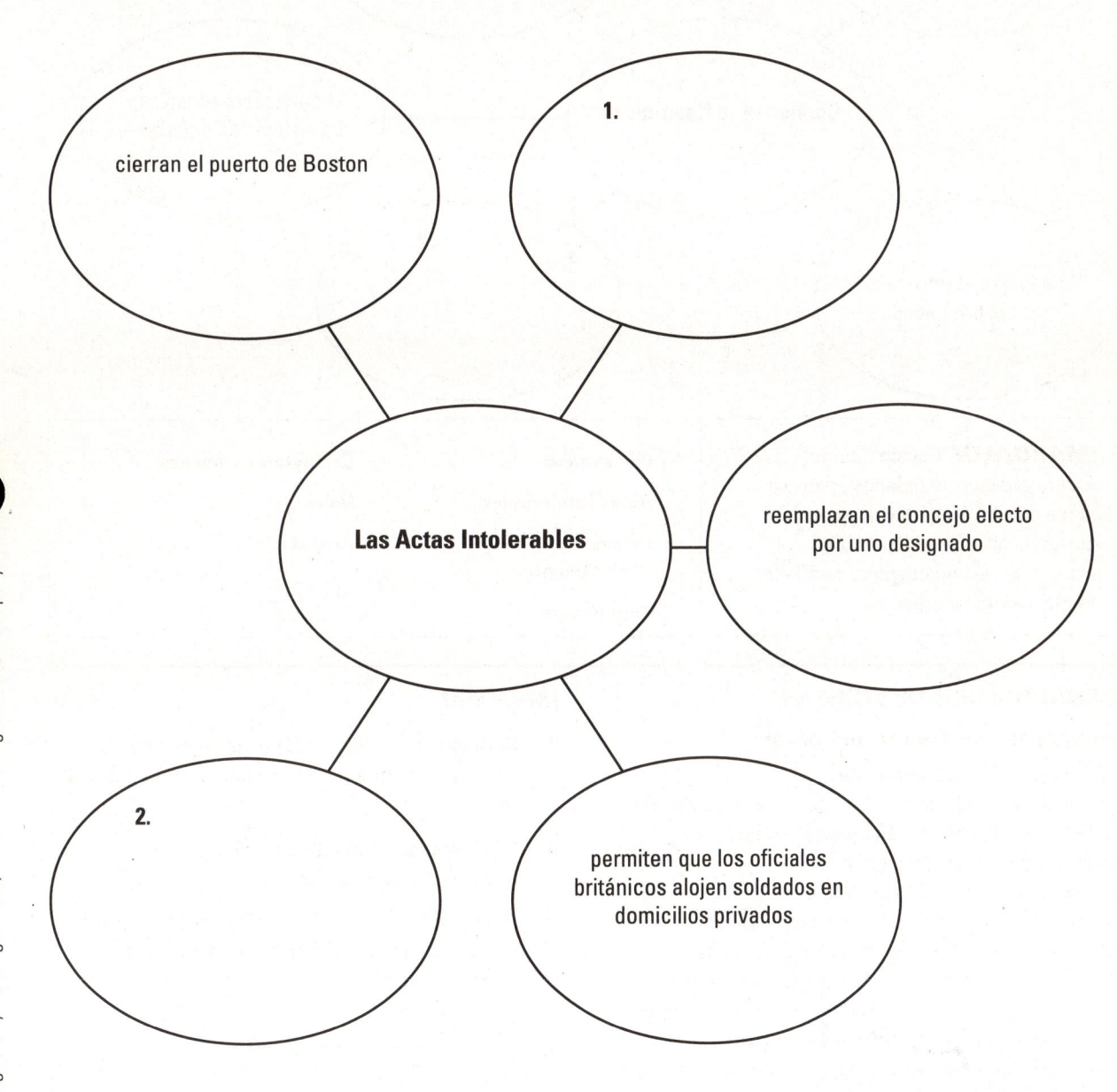

- cierran el puerto de Boston
- 1.
- **Las Actas Intolerables**
- reemplazan el concejo electo por uno designado
- 2.
- permiten que los oficiales británicos alojen soldados en domicilios privados

CAPÍTULO 6

Guía de estudio para la lectura

Historia de los Estados Unidos
Capítulo 6, El camino a la Revolución 41

Nombre _____ **Fecha** _____

CAPÍTULO 6

SECCIÓN 3: EL CAMINO A LEXINGTON Y CONCORD, *CONTINUACIÓN*

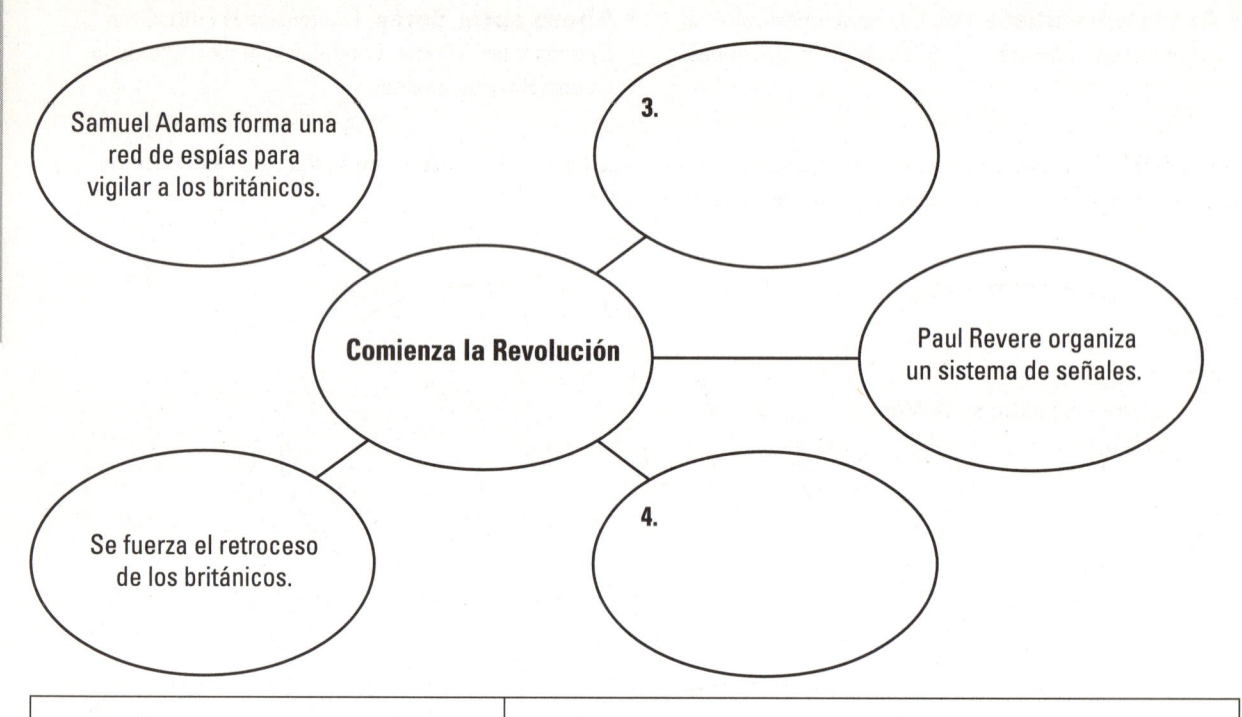

- Samuel Adams forma una red de espías para vigilar a los británicos.
- 3.
- **Comienza la Revolución**
- Paul Revere organiza un sistema de señales.
- Se fuerza el retroceso de los británicos.
- 4.

¡MÁRCALO! Encierra en un círculo cada término donde aparezca en tus notas y asegúrate de entender su significado. Si un término no aparece, dibuja un círculo y escríbelo donde *mejor* corresponda.	*minutemen* Lexington y Concord Actas Intolerables leales Primer Congreso Continental patriotas Paul Revere

DESARROLLAR DESTREZAS

Fragmento de fuente primaria

Escuchen mis pequeños y oirán
Acerca de la cabalgata de medianoche de Paul Revere,
El dieciocho de abril del año setenta y cinco;
Difícilmente quede hoy un hombre vivo
Que recuerde ese famoso día y año.
Le dijo a su amigo: "Si los británicos avanzan
Por tierra o por mar desde el pueblo esta noche,
Cuelga una lámpara en lo alto del arco del campanario
De la torre de la iglesia del norte, como señal luminosa:
Una si vienen por tierra y dos si es por mar;
Y yo estaré en la ribera opuesta,
Listo para cabalgar y difundir la alarma
En cada aldea y granja de Middlesex,
Para que los compatriotas estén levantados y armados".

— de *"Paul Revere's Ride"* ("La cabalgata de Paul Revere"), por Henry Wadsworth Longfellow (1863)

¡Márcalo!

5. **Subraya** las palabras del poema que describen cómo se enteraría Revere de que los británicos se acercaban.

6. **Encierra en un círculo** las palabras que describen la tarea de Revere.

7. ¿Qué señales se usarían para indicarle a Revere de qué manera se estaban aproximando las tropas británicas?

_____
_____
_____
_____

Historia de los Estados Unidos
Capítulo 6, El camino a la Revolución

Guía de estudio para la lectura

Nombre _____ **Fecha** _____

SECCIÓN 4 | Se declara la independencia

- **Antes aprendiste** La creciente tensión entre Gran Bretaña y las colonias condujo al estallido de la Guerra Revolucionaria.

- **Ahora aprenderás** Mientras continuaban los combates, los norteamericanos decidieron declarar su independencia de Gran Bretaña.

AL LEER Toma notas que enumeren los acontecimientos de esta sección en el orden en que ocurrieron. Usa el diagrama de secuencia en ambas páginas de esta hoja de trabajo.

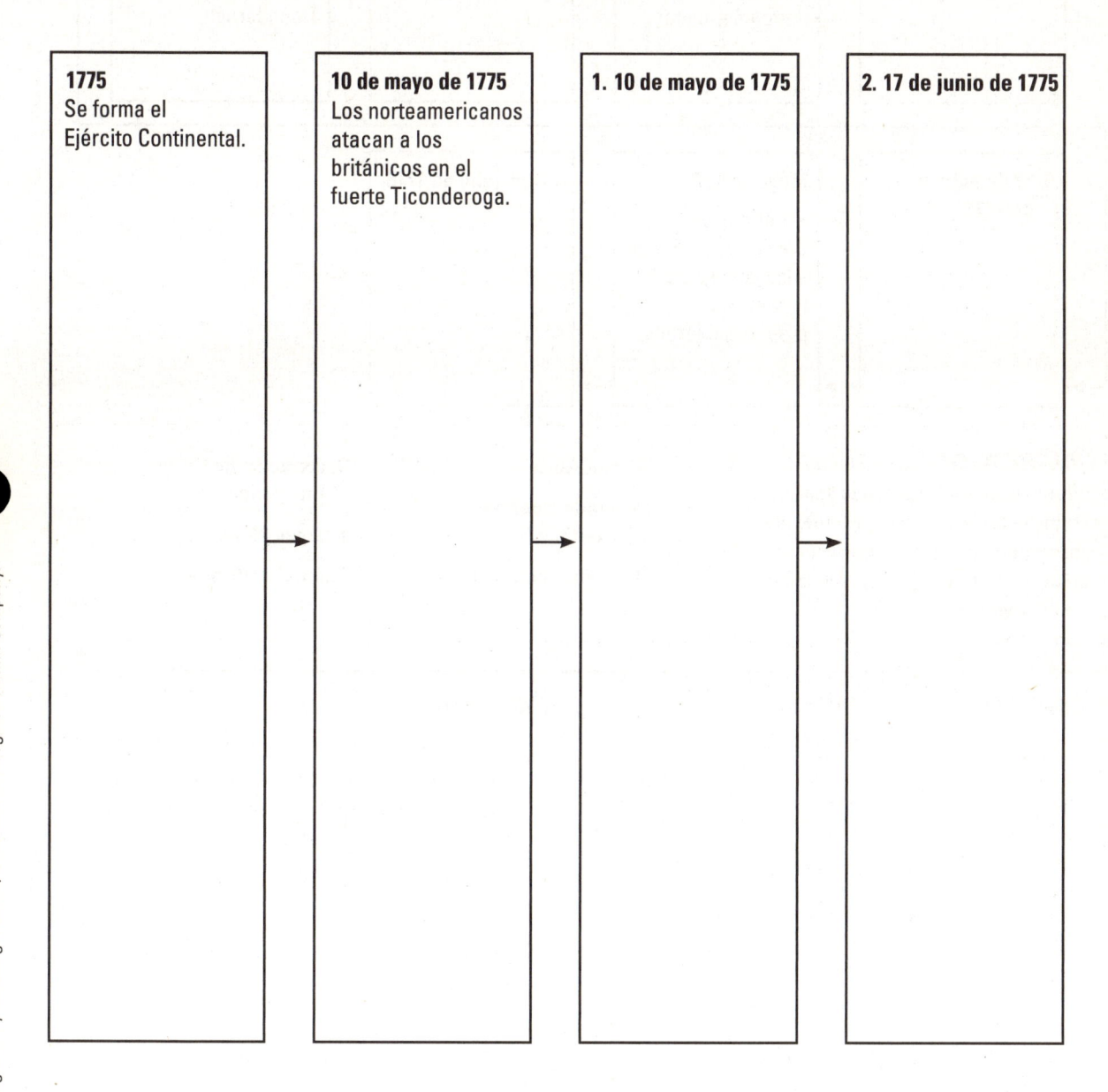

1775 Se forma el Ejército Continental.	10 de mayo de 1775 Los norteamericanos atacan a los británicos en el fuerte Ticonderoga.	1. 10 de mayo de 1775	2. 17 de junio de 1775

Guía de estudio para la lectura

Historia de los Estados Unidos
Capítulo 6, El camino a la Revolución

SECCIÓN 4: SE DECLARA LA INDEPENDENCIA, *CONTINUACIÓN*

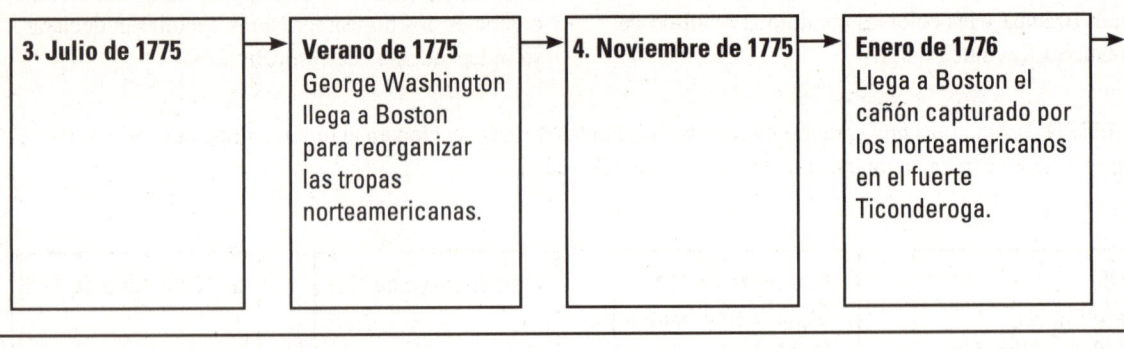

| 3. Julio de 1775 | Verano de 1775 — George Washington llega a Boston para reorganizar las tropas norteamericanas. | 4. Noviembre de 1775 | Enero de 1776 — Llega a Boston el cañón capturado por los norteamericanos en el fuerte Ticonderoga. |

| 5. 17 de marzo de 1776 | Mayo de 1776 — El Congreso Continental autoriza a las colonias a formar sus propios gobiernos. | 6. 4 de julio de 1776 |

¡MÁRCALO! Encierra en un círculo cada término donde aparezca en tus notas y asegúrate de entender su significado. Si un término no aparece, escríbelo junto al recuadro donde *mejor* corresponda.

- Ethan Allen
- Segundo Congreso Continental
- Ejército Continental
- Declaración de Independencia
- Thomas Paine
- Thomas Jefferson

DESARROLLAR DESTREZAS

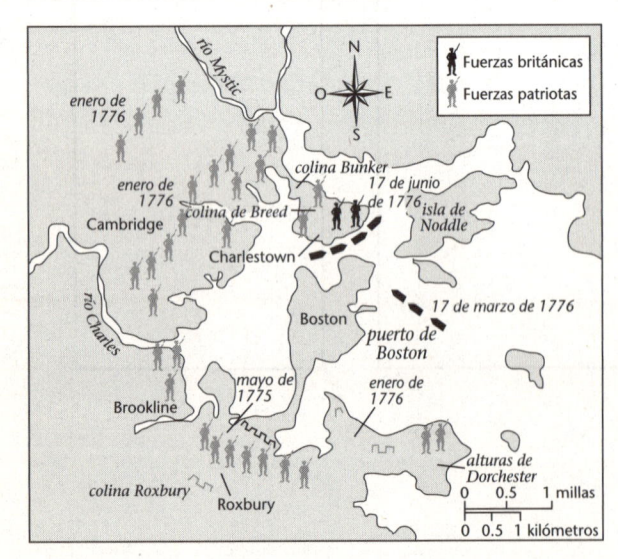

El mapa muestra las posiciones de las tropas británicas y patriotas antes y después de la batalla de Bunker Hill, el 17 de junio de 1775.

¡Márcalo!

7. En el mapa "La batalla de Bunker Hill", **encierra en un círculo** las posiciones de las fuerzas patriotas que alarmaron a los británicos, provocando así su ataque.

8. **Subraya** el nombre de la ciudad que incendiaron los británicos.

9. ¿Cuál fue la estrategia de los patriotas en la batalla de Bunker Hill?

_____
_____
_____

Historia de los Estados Unidos
Capítulo 6, El camino a la Revolución

Guía de estudio para la lectura

Nombre _____ Fecha _____

SECCIÓN 1 | **Los primeros años de la guerra**

CAPÍTULO 7

- **Antes aprendiste** Luego de que estalló la Guerra Revolucionaria, los Estados Unidos declararon su independencia.

- **Ahora aprenderás** A pesar de que el Ejército Continental tuvo dificultades al pelear en un país dividido, los patriotas triunfaron en Saratoga.

AL LEER Toma notas que identifiquen los problemas y soluciones presentados en esta sección. Usa la ayuda gráfica de problemas y soluciones en ambas páginas de esta hoja de trabajo.

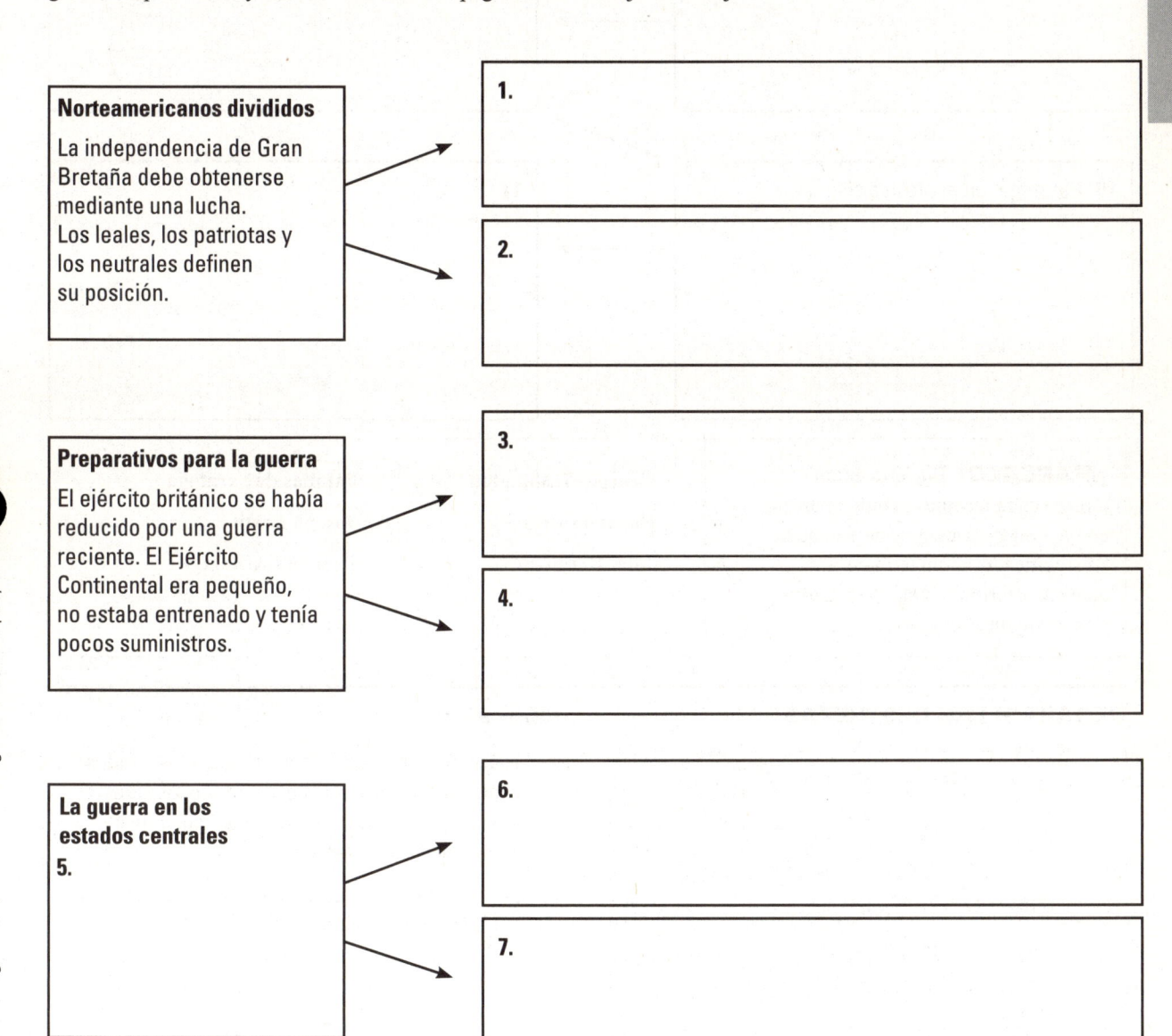

Norteamericanos divididos
La independencia de Gran Bretaña debe obtenerse mediante una lucha.
Los leales, los patriotas y los neutrales definen su posición.

1.

2.

Preparativos para la guerra
El ejército británico se había reducido por una guerra reciente. El Ejército Continental era pequeño, no estaba entrenado y tenía pocos suministros.

3.

4.

La guerra en los estados centrales
5.

6.

7.

Guía de estudio para la lectura

Historia de los Estados Unidos
Capítulo 7, La Revolución Norteamericana

Nombre _____ **Fecha** _____

SECCIÓN 1: LOS PRIMEROS AÑOS DE LA GUERRA, *CONTINUACIÓN*

8. Estrategia británica en el norte

9.

10. Saratoga: un punto decisivo

11.

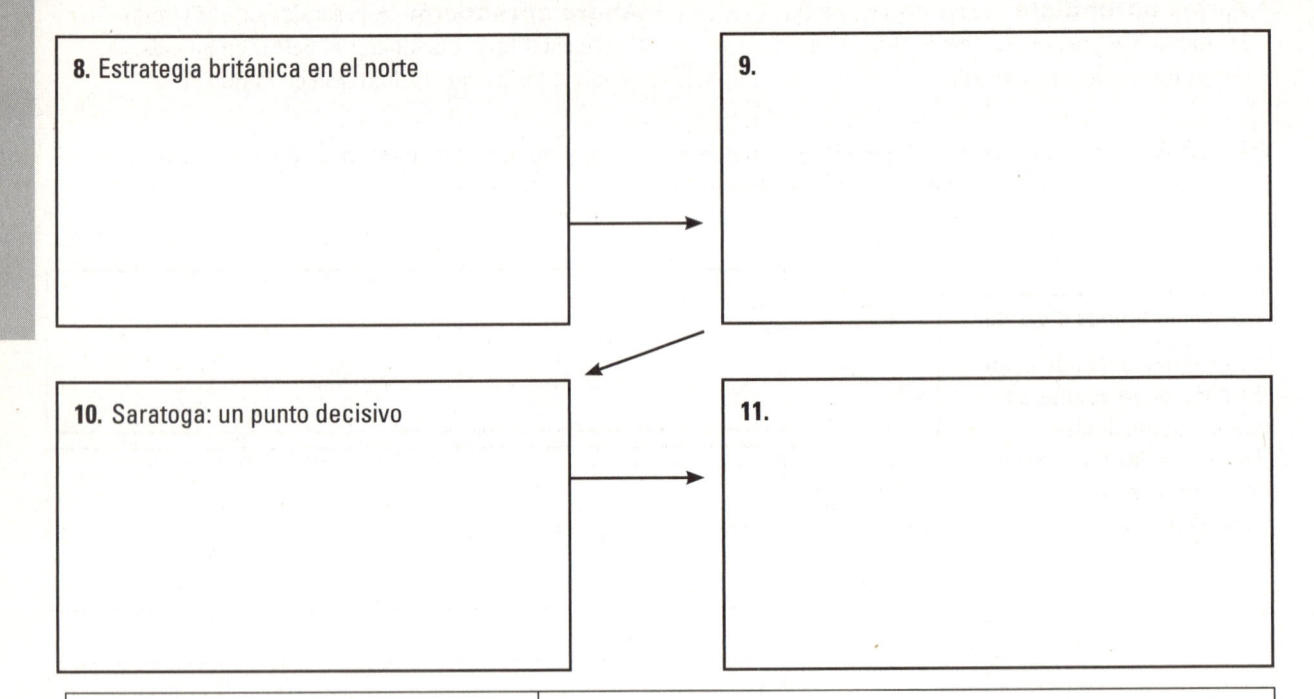

¡**MÁRCALO!** Encierra en un círculo cada término cuando aparezca en tus notas y asegúrate de entender su significado. Si un término no aparece, escríbelo junto al recuadro donde *mejor* corresponda.	George Washington	batallas de Saratoga
	Horatio Gates	Joseph Brant
	John Burgoyne	Benedict Arnold

DESARROLLAR DESTREZAS

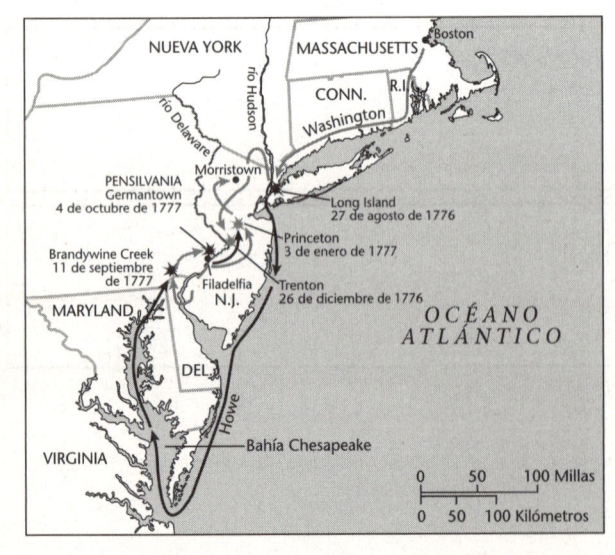

El mapa muestra las batallas iniciales de la Revolución Norteamericana, 1776–1777.

¡Márcalo!

12. **Relee** tus notas sobre "La guerra en los estados centrales". **Subraya** los nombres de los sitios donde tuvieron lugar las batallas. En el mapa, **enciérralos en un círculo**.

13. ¿Por qué Gran Bretaña quería controlar las áreas a lo largo de la costa?

_____

_____

14. Escribe dos modos en los que la batalla de Trenton y la batalla de Princeton ayudaron al Ejército Continental.

_____

_____

_____

Historia de los Estados Unidos
Capítulo 7, La Revolución Norteamericana

Guía de estudio para la lectura

Nombre _____ Fecha _____

SECCIÓN 2 | La guerra se extiende

- **Antes aprendiste** A pesar de las dificultades del Ejército Continental, los patriotas triunfaron en Saratoga.

- **Ahora aprenderás** La expansión de la guerra debilitó a los británicos, al obligarlos a desplegar sus recursos militares en un área muy extensa.

AL LEER Toma notas que enumeren las ideas principales y los detalles de los sucesos presentados en esta sección. Usa el diagrama de ideas principales en ambas páginas de esta hoja de trabajo.

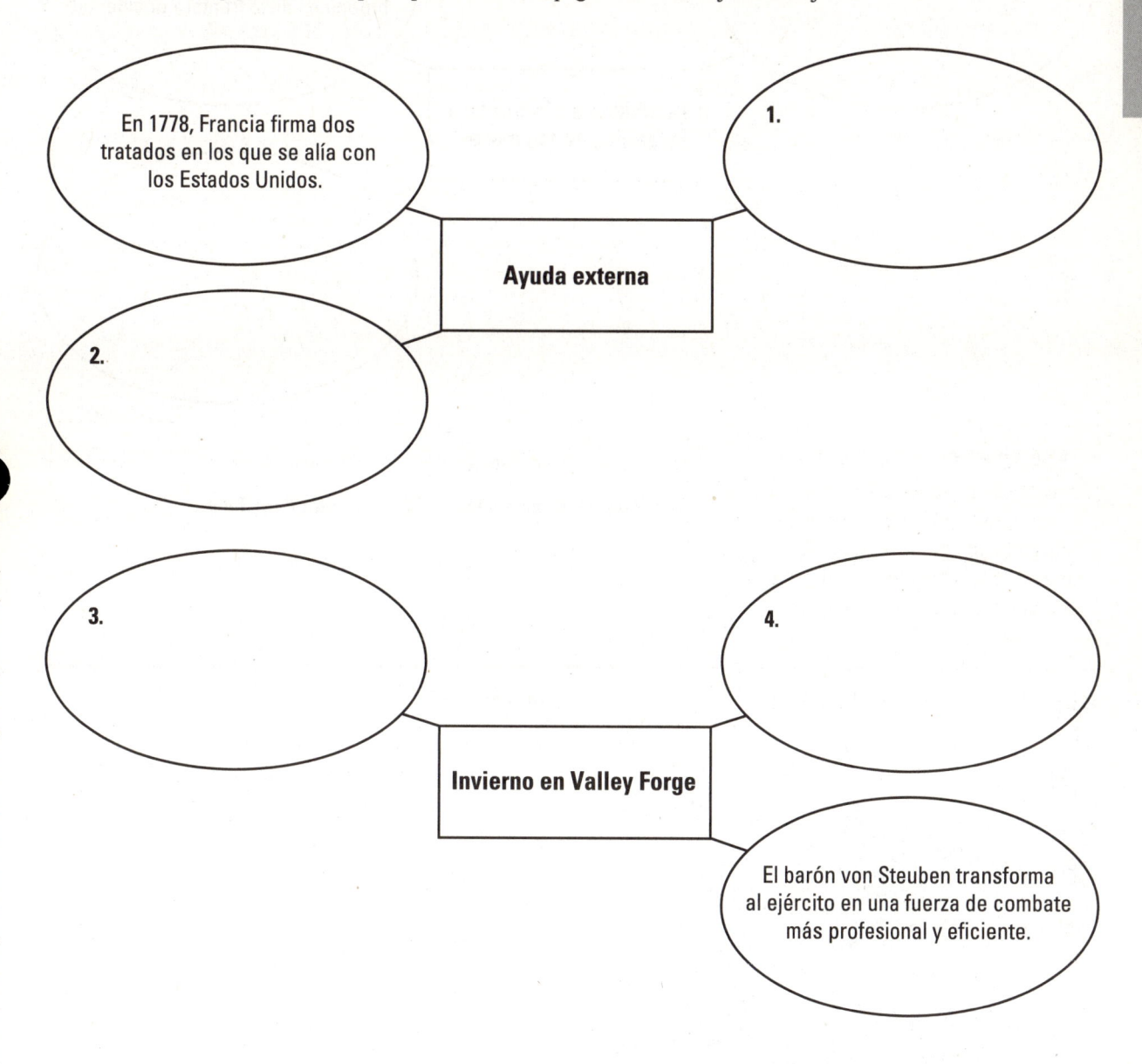

CAPÍTULO 7

- En 1778, Francia firma dos tratados en los que se alía con los Estados Unidos.

1.

Ayuda externa

2.

3.

4.

Invierno en Valley Forge

El barón von Steuben transforma al ejército en una fuerza de combate más profesional y eficiente.

Guía de estudio para la lectura

Historia de los Estados Unidos
Capítulo 7, La Revolución Norteamericana   47

Nombre _____ **Fecha** _____

SECCIÓN 2: LA GUERRA SE EXTIENDE, *CONTINUACIÓN*

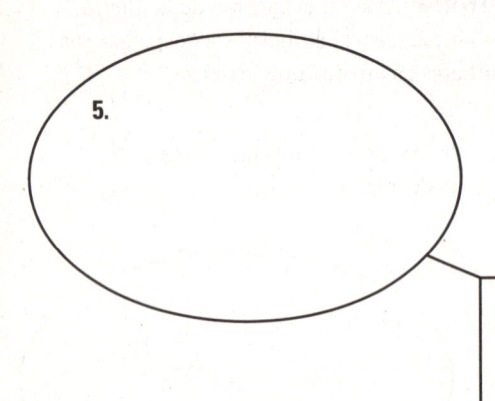

CAPÍTULO 7

5.

Clark organiza un ejército para capturar los puestos de avanzada británicos de la frontera occidental.

Combates en la frontera y guerra en los mares

6.

¡MÁRCALO! Encierra en un círculo cada término donde aparezca en tus notas y asegúrate de entender su significado. Si un término no aparece, añade un círculo y escribe el término donde *mejor* corresponda.	Marqués de Lafayette George Rogers Clark *Wilderness Road*	Valley Forge John Paul Jones

DESARROLLAR DESTREZAS

¡Márcalo!

7. En la caricatura, **encierra en un círculo** a los aliados de Norteamérica. **Dibuja** una "X" sobre los aliados de Inglaterra.

8. ¿Qué bando parece estar ganando la guerra? **Explica** tu respuesta.

_____
_____
_____

Esta caricatura, dibujada durante la Revolución Norteamericana, se titula "*The Present State of Great Britain*" (El estado actual de Gran Bretaña). De izquierda a derecha, los personajes representan a Francia, Escocia, Inglaterra, Holanda y las colonias norteamericanas.

Historia de los Estados Unidos
Capítulo 7, La Revolución Norteamericana

Guía de estudio para la lectura

Nombre _____ **Fecha** _____

SECCIÓN 3 | El camino a la victoria

- **Antes aprendiste** La expansión de la guerra obligó a los británicos a desplegar sus recursos militares en varias partes del mundo.

- **Ahora aprenderás** El Ejército Continental, sus aliados y el pueblo norteamericano hicieron posible la victoria norteamericana.

AL LEER Toma notas que enumeren los sucesos de esta sección en el orden en que ocurrieron. Usa el diagrama de secuencia en ambas páginas de esta hoja de trabajo.

La guerra se extiende hacia el sur

| 1778 Gran Bretaña extiende la guerra hacia el sur; las fuerzas británicas capturan el puerto de Savannah, Georgia. | 2. | Gran Bretaña sufre un duro revés en la batalla de Guilford; Cornwallis se repliega a Wilmington cuando falla la estrategia sureña. |

| 1. 1780 | 3. Enero de 1781 |

El fin de la guerra

| 4. | 6. Agosto de 1781 | 7. Octubre de 1781 |

| 5. Julio de 1781 | Los británicos construyen numerosos refugios para protegerse durante la batalla de Yorktown. |

Guía de estudio para la lectura

Historia de los Estados Unidos
Capítulo 7, La Revolución Norteamericana

Nombre _____ Fecha _____

SECCIÓN 3: EL CAMINO A LA VICTORIA, *CONTINUACIÓN*

CAPÍTULO 7

Por qué ganaron los estadounidenses

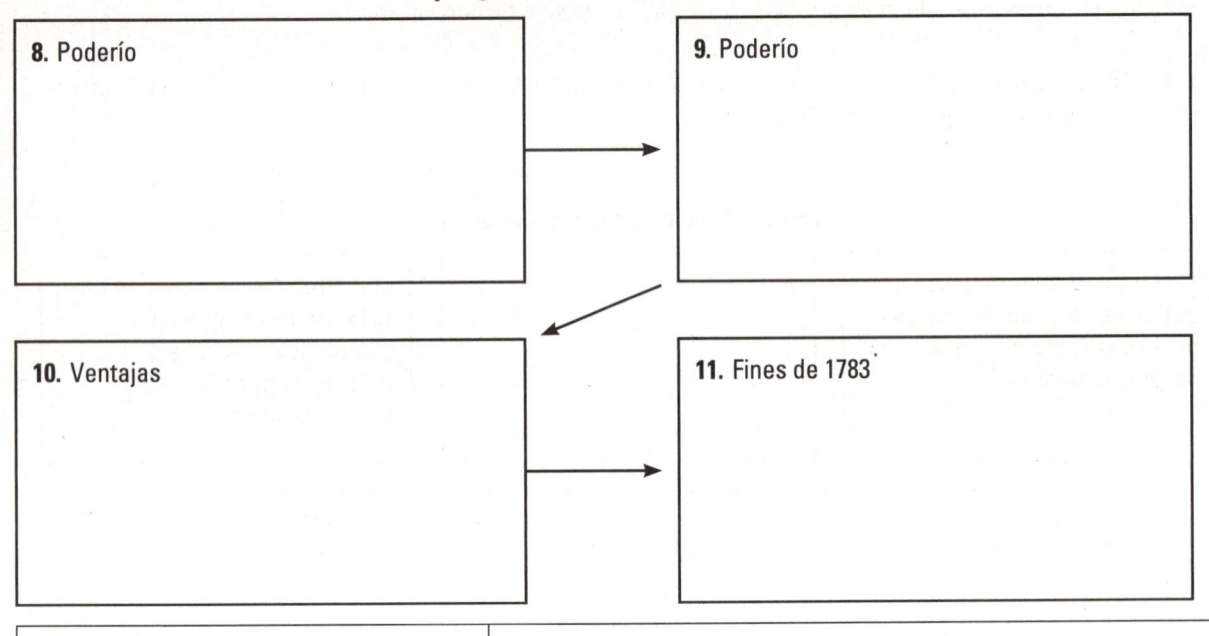

8. Poderío

9. Poderío

10. Ventajas

11. Fines de 1783

| ¡**MÁRCALO!** Encierra en un círculo cada término donde aparezca en tus notas y asegúrate de entender su significado. Si un término no aparece, escríbelo junto al recuadro donde *mejor* corresponda. | batalla de Charles Town   Lord Cornwallis <br> batalla de Yorktown |

DESARROLLAR DESTREZAS

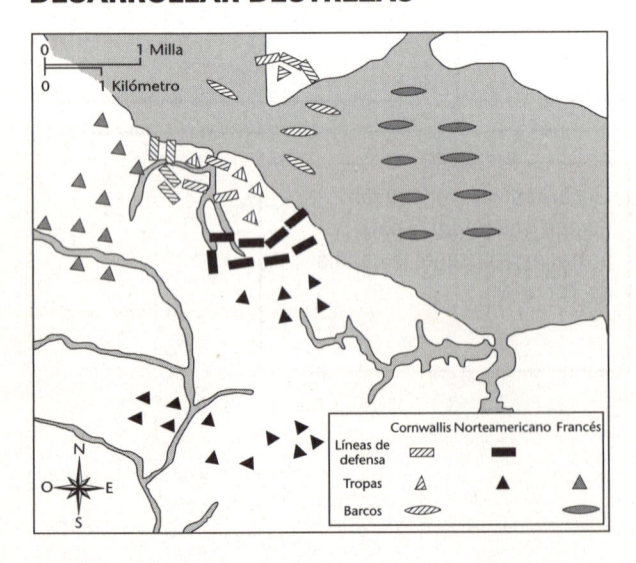

Este mapa muestra las tropas involucradas en combate durante la batalla de Yorktown, en 1781.

¡Márcalo!

12. En el mapa, **encierra en un círculo** las tropas británicas. **Dibuja** rectángulos alrededor de la flota francesa y de las tropas francesas.

13. **Dibuja** una "X" en el campamento que se encuentra en la orilla opuesta a Yorktown. ¿Quién controlaba esta área?

_____

14. ¿Crees que los norteamericanos podrían haber derrotado a Cornwallis en Yorktown sin la ayuda de Francia? **Explica tu respuesta.**

_____
_____
_____
_____

Historia de los Estados Unidos
Capítulo 7, La Revolución Norteamericana

Guía de estudio para la lectura

Nombre _____ Fecha _____

SECCIÓN 4 | El legado de la guerra

- **Antes aprendiste** El Ejército Continental, sus aliados y el pueblo norteamericano hicieron posible la victoria norteamericana.

- **Ahora aprenderás** Los norteamericanos emergieron de la Revolución como ciudadanos de una nación unificada que valoraba el ideal de la libertad.

CAPÍTULO 7

AL LEER Toma notas que enumeren las categorías de eventos y los eventos presentados en la sección. Usa las tablas de categorización en ambas páginas de esta hoja de trabajo.

Costos en vidas humanas	Tratado de París
1. _____	5. _____
2. _____	6. _____
3. _____	7. Estados Unidos obtiene su independencia.
4. murieron 10,000 británicos	8. _____

Resultados de la guerra

Deudas	13. _____
9. _____	14. _____
10. _____	15. _____
11. _____	16. _____
12. _____	17. Las tierras de los indígenas americanos se hallan en riesgo.

Guía de estudio para la lectura

Historia de los Estados Unidos
Capítulo 7, La Revolución Norteamericana

SECCIÓN 4: EL LEGADO DE LA GUERRA, *CONTINUACIÓN*

18.	**Libertad y esclavitud**	**Libertad de culto**
Connecticut y Rhode Island mantuvieron los gobiernos establecidos por sus cartas reales. **19.** Virginia: Delaware prohibió la esclavitud y una religión oficial establecida por el estado. **20.** Georgia:	**21.** Elizabeth Freeman: **22.** *Free African Society*:	En 1777, Thomas Jefferson escribe su *Estatuto para la Libertad de Culto* que afirma que las personas tienen un derecho natural a la libertad de opinión, incluyendo la opinión religiosa.

¡MÁRCALO! Encierra en un círculo cada término donde aparezca en tus notas y asegúrate de entender su significado. Si un término no aparece, escríbelo junto al recuadro donde *mejor* corresponda.

Tratado de París de 1783   Elizabeth Freeman

Richard Allen

Estatuto de Virginia para la Libertad de Culto

DESARROLLAR DESTREZAS

Una petición afroamericana

"Ellos […] suplican humildemente a Sus Señorías […] realizar un acta de legislación para que sea aprobada, por la cual se les restaure el goce de ése que es el derecho natural de todos los hombres, y que sus hijos, que nacieron en esta tierra de libertad, no sean mantenidos como esclavos después de llegar a los [21] años de edad. De esta manera los habitantes de este estado no serían ya imputables de la inconsistencia de llevar a cabo ellos mismos el papel que condenan y que combaten en los otros, serían prósperos en su actual lucha gloriosa por la libertad y tendrían esas bendiciones para ellos mismos".

—De *Collections, Massachusetts Historical Society* (Colecciones, Sociedad Histórica de Massachusetts), Cambridge y Boston, 1795. Reimpreso en *Annals of America* (Anales de Estados Unidos), Vol. 2 (Chicago: *Encyclopaedia Britannica*, 1968), págs. 482 a 483.

¡Márcalo!

23. Subraya las palabras del fragmento que indican la paradoja de los colonos que solicitan libertad a Gran Bretaña mientras mantienen a miles de afroamericanos en la esclavitud.

24. ¿Qué plan para poner fin gradualmente a la esclavitud sugieren los peticionarios?

Historia de los Estados Unidos
Capítulo 7, La Revolución Norteamericana

Nombre _____ **Fecha** _____

SECCIÓN 1 | La época de la Confederación
Para usar con las páginas 234 a 239

- **Antes aprendiste** Los estadounidenses surgieron de la Revolución como ciudadanos de una nación unificada que valoraba el ideal de la libertad.

- **Ahora aprenderás** Los Artículos de la Confederación crearon un gobierno nacional débil.

AL LEER Toma notas para identificar los problemas y las soluciones de esta sección. Usa la ayuda gráfica de problemas y soluciones en ambas páginas de esta hoja de trabajo.

La formación de un nuevo gobierno

Los habitantes quieren evitar una tiranía como la que sufrieron bajo el rey inglés.	Los estados promulgan Declaraciones de Derechos que protegen la libertad de prensa y de culto.
Los estados temen que una parte del gobierno pueda volverse demasiado poderosa.	1.
2.	Eslogan: "Unidos triunfaremos, divididos fracasaremos".
Los estados pequeños con pocos territorios al oeste no podrían pagar sus deudas; se negaron a ratificar los Artículos de la Confederación.	3.

Guía de estudio para la lectura

Historia de los Estados Unidos
Capítulo 8, De la Confederación a la Constitución

Nombre _____ **Fecha** _____

SECCIÓN 1: LA ÉPOCA DE LA CONFEDERACIÓN, *CONTINUACIÓN*

Virtudes y defectos de los Artículos

El Territorio del Noroeste necesita ser gobernado.	4.
Inglaterra y España interfieren con los barcos norteamericanos.	5.
6.	Los estados consideran darle más poder al gobierno nacional.

¡MÁRCALO! Encierra en un círculo cada término cuando aparezca en tus notas y asegúrate de entender su significado. Si un término no aparece, escríbelo junto al recuadro donde *mejor* corresponda.

Rebelión de Shays
Artículos de la Confederación
Congreso de la Confederación
Ordenanza de la Tierra de 1785
Territorio del Noroeste
Ordenanza del Noroeste

DESARROLLAR DESTREZAS

¡Márcalo!

7. En el mapa, **traza el contorno** de las tierras al oeste reclamadas por Virginia

8. **Subraya** los nombres de los estados que tenían reclamos sobre las tierras al oeste.

9. **Relee** tus notas acerca de la "Creación de un nuevo gobierno". ¿Qué llevó a los estados pequeños a ratificar los Artículos de la Confederación?

_____
_____
_____

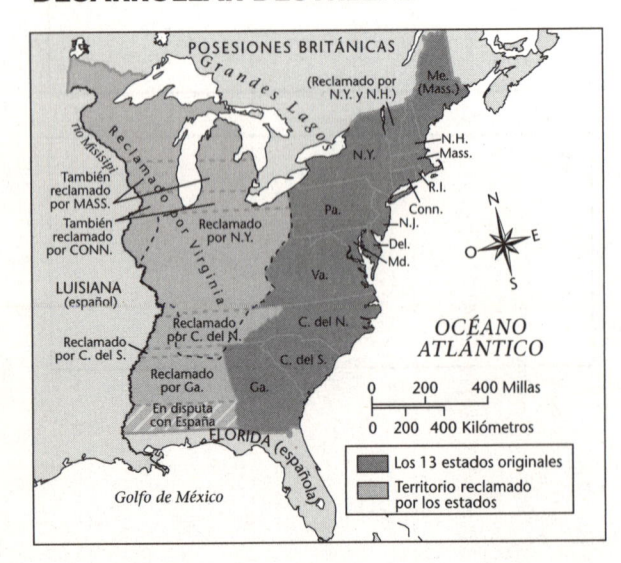

El mapa muestra cuáles fueron las tierras al oeste reclamadas por las colonias.

Historia de los Estados Unidos
Capítulo 8, De la Confederación a la Constitución

Guía de estudio para la lectura

Nombre _____ Fecha _____

SECCIÓN 2 | **La creación de la Constitución**
Para usar con las páginas 242 a 247

- **Antes aprendiste** Los Artículos de la Confederación crearon un gobierno nacional débil.
- **Ahora aprenderás** La Constitución creó un gobierno nuevo más fuerte que reemplazó a la Confederación.

AL LEER Toma notas para resumir los acontecimientos de esta sección. Usa el diagrama de resumen en ambas páginas de esta hoja de trabajo.

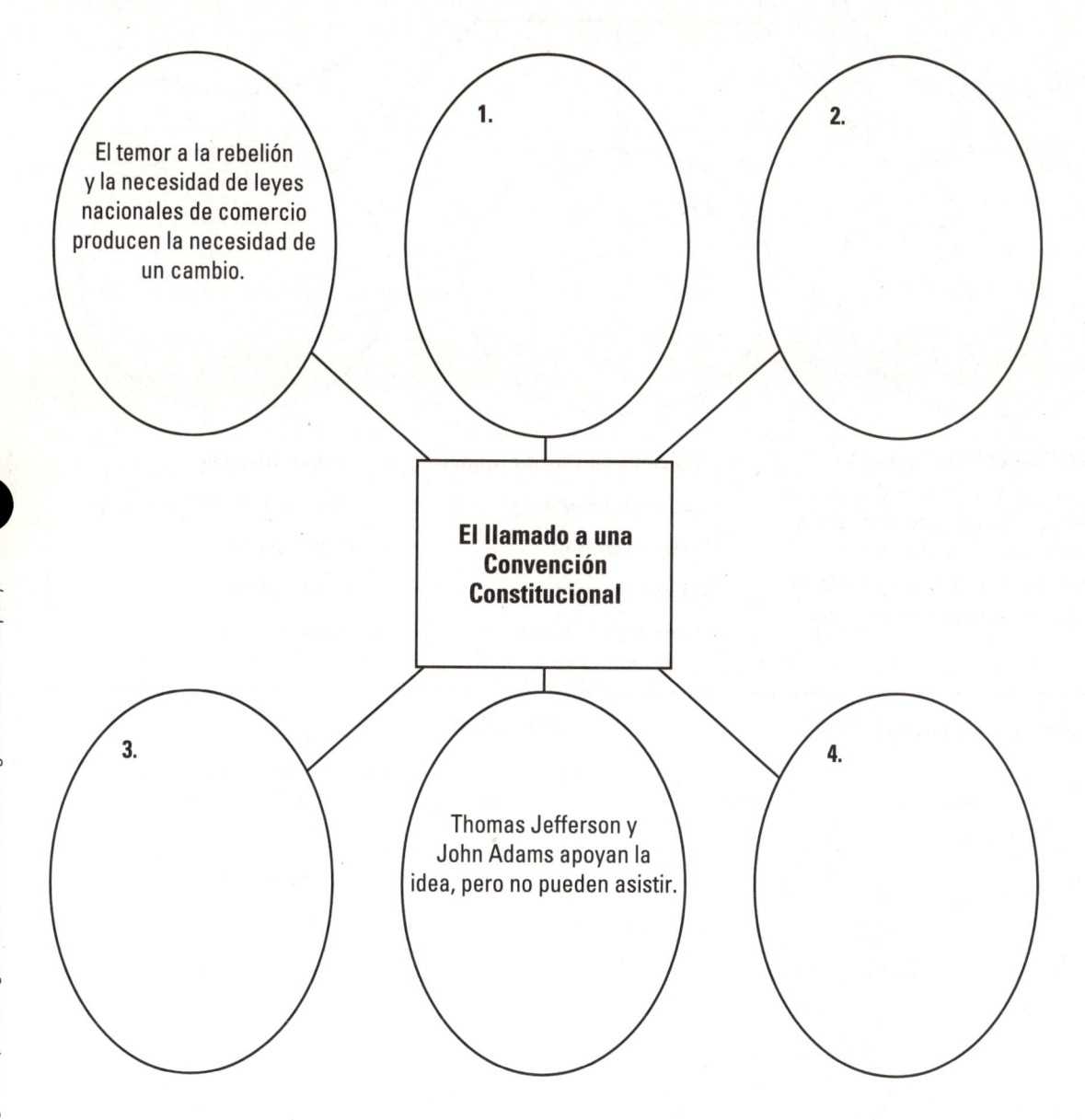

- El temor a la rebelión y la necesidad de leyes nacionales de comercio producen la necesidad de un cambio.
- 1.
- 2.

El llamado a una Convención Constitucional

- 3.
- Thomas Jefferson y John Adams apoyan la idea, pero no pueden asistir.
- 4.

Guía de estudio para la lectura

Historia de los Estados Unidos
Capítulo 8, De la Confederación a la Constitución

CAPÍTULO 8

55

Nombre _____ Fecha _____

SECCIÓN 2: LA CREACIÓN DE LA CONSTITUCIÓN, *CONTINUACIÓN*

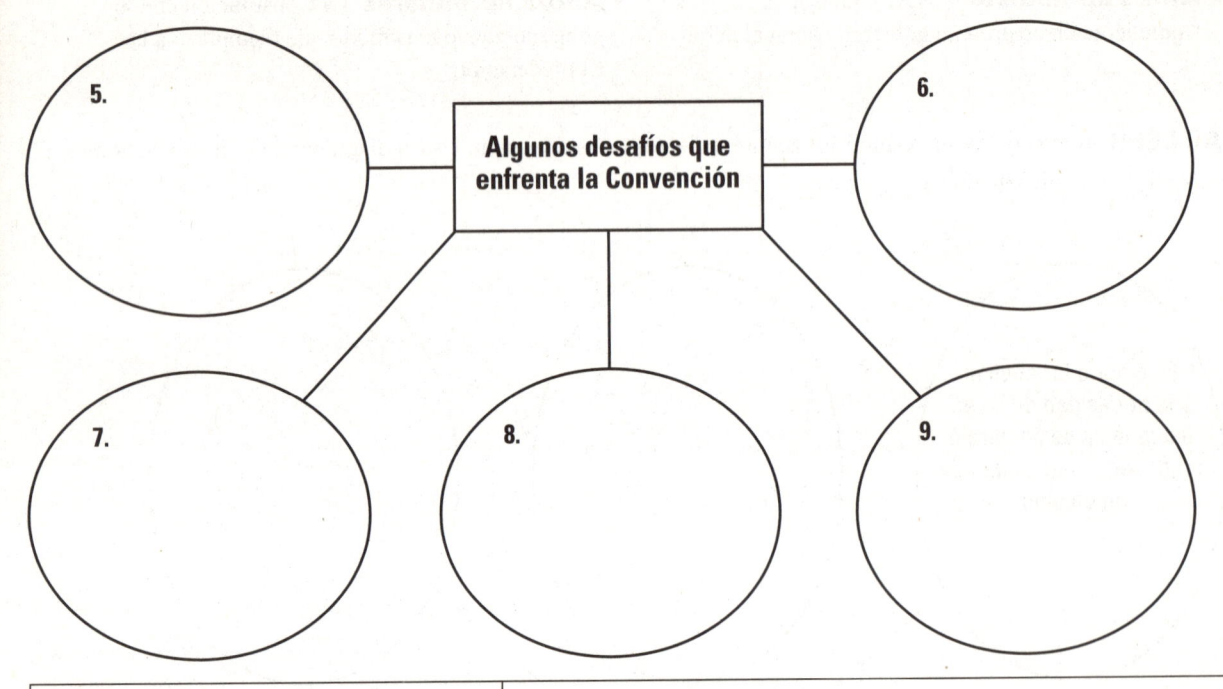

5.

6.

Algunos desafíos que enfrenta la Convención

7.

8.

9.

¡MÁRCALO! Encierra en un círculo cada término cuando aparezca en tus notas y asegúrate de entender su significado. Si un término no aparece, añade un círculo y escribe el término donde *mejor* corresponda.	Convención Constitucional padres fundadores James Madison Plan de Virginia Plan de New Jersey	Gran Concesión Concesión de los Tres Quintos poder ejecutivo poder judicial poder legislativo

DESARROLLAR DESTREZAS

¡Márcalo!

10. En el mapa, **encierra en un círculo** los nombres de los estados con 100,000 esclavos.

11. ¿Por qué Virginia quería que su representación en la legislatura incluyera a la población de esclavos?

_____

_____

_____

_____

El mapa muestra las poblaciones esclavizadas de las 13 colonias originarias en 1790.

Historia de los Estados Unidos
Capítulo 8, De la Confederación a la Constitución

Guía de estudio para la lectura

Nombre _____ **Fecha** _____

SECCIÓN 3 | Ratificación y Declaración de Derechos
Para usar con las páginas 248 a 254

- **Antes aprendiste** La Constitución creó un gobierno nuevo más fuerte que reemplazó a la Confederación.

- **Ahora aprenderás** Las libertades de los estadounidenses están protegidas por la Constitución de EE. UU. y por una Declaración de Derechos.

AL LEER Toma notas para comparar y contrastar las personas y las ideas que aparecen en esta sección. Usa el diagrama de Venn en ambas páginas de esta hoja de trabajo.

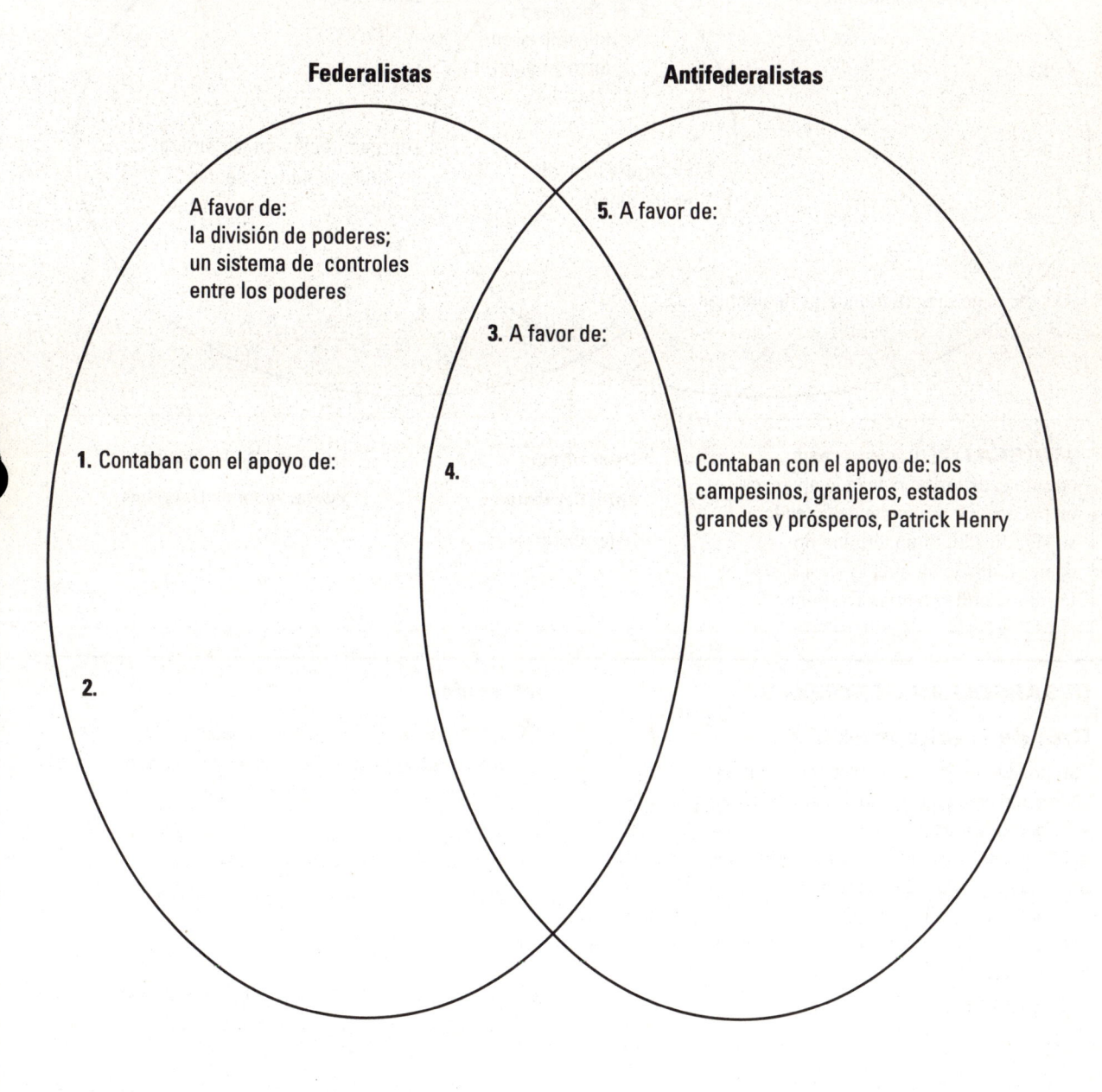

CAPÍTULO 8

Federalistas   **Antifederalistas**

A favor de:
la división de poderes;
un sistema de controles
entre los poderes

5. A favor de:

3. A favor de:

1. Contaban con el apoyo de:

4.

Contaban con el apoyo de: los campesinos, granjeros, estados grandes y prósperos, Patrick Henry

2.

Guía de estudio para la lectura

Historia de los Estados Unidos
Capítulo 8, De la Confederación a la Constitución **57**

Nombre _____ Fecha _____

CAPÍTULO 8

SECCIÓN 3: RATIFICACIÓN Y DECLARACIÓN DE DERECHOS, *CONTINUACIÓN*

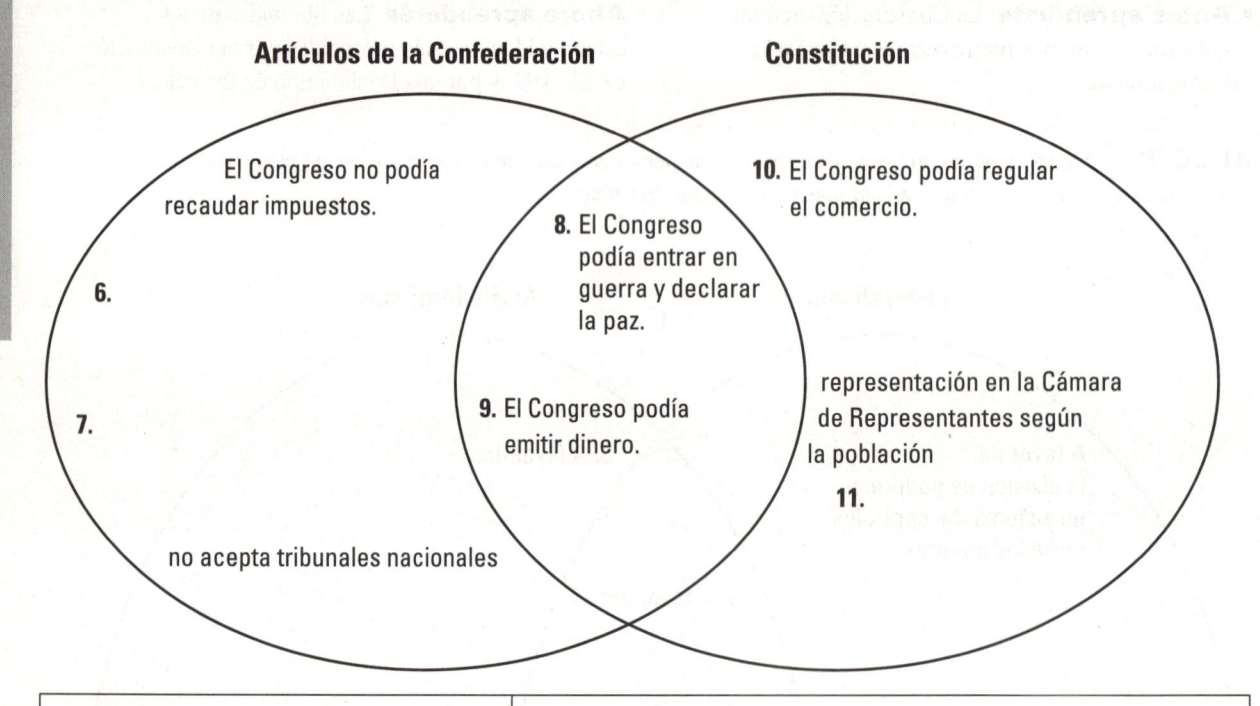

Artículos de la Confederación | **Constitución**

- El Congreso no podía recaudar impuestos.
- 6.
- 7.
- no acepta tribunales nacionales

Intersección:
- 8. El Congreso podía entrar en guerra y declarar la paz.
- 9. El Congreso podía emitir dinero.

Constitución:
- 10. El Congreso podía regular el comercio.
- representación en la Cámara de Representantes según la población
- 11.

¡MÁRCALO! Encierra en un círculo cada término cuando aparezca en tus notas y asegúrate de entender su significado. Si un término no aparece, añade un círculo y escribe el término donde *mejor* corresponda.

federalismo
antifederalistas
federalistas

ensayos *The Federalist*
Declaración de Derechos

DESARROLLAR DESTREZAS

Cita de fuente primaria

"Su presidente podría convertirse fácilmente en rey: su Senado está construido tan imperfectamente que sus derechos más preciados podrían ser sacrificados por lo que puede ser una pequeña minoría; y una minoría muy pequeña puede mantener inmutable para siempre a este gobierno, a pesar de ser tremendamente defectuoso. ¿Dónde están sus controles en este gobierno?"

—Patrick Henry

¡Márcalo!

12. En la cita de fuente primaria, **encierra en un círculo** la frase que se relaciona con los derechos y las libertades individuales.

13. ¿Esta cita representa un punto de vista federalista o antifederalista? **Subraya** las palabras que señalan este punto de vista.

_____

14. ¿Cuál era la *principal* preocupación de Patrick Henry con respecto a la Constitución?

_____
_____
_____

Historia de los Estados Unidos
Capítulo 8, De la Confederación a la Constitución

Guía de estudio para la lectura

Nombre _____ Fecha _____

SECCIÓN 1 | Principios, Preámbulo y Artículo 1

- **Antes aprendiste** La Constitución de los Estados Unidos, aprobada en 1788, sirve de guía para el gobierno y protege los derechos y las libertades de los estadounidenses.

- **Ahora aprenderás** La Constitución es un plan flexible para gobernar los Estados Unidos basado en siete principios democráticos. El Preámbulo describe el propósito de la Constitución y el Artículo 1 establece el papel principal del poder legislativo.

AL LEER Toma notas que enumeren las ideas principales y los detalles de la información presentada en esta sección. Usa el mapa conceptual en ambas páginas de esta hoja de trabajo.

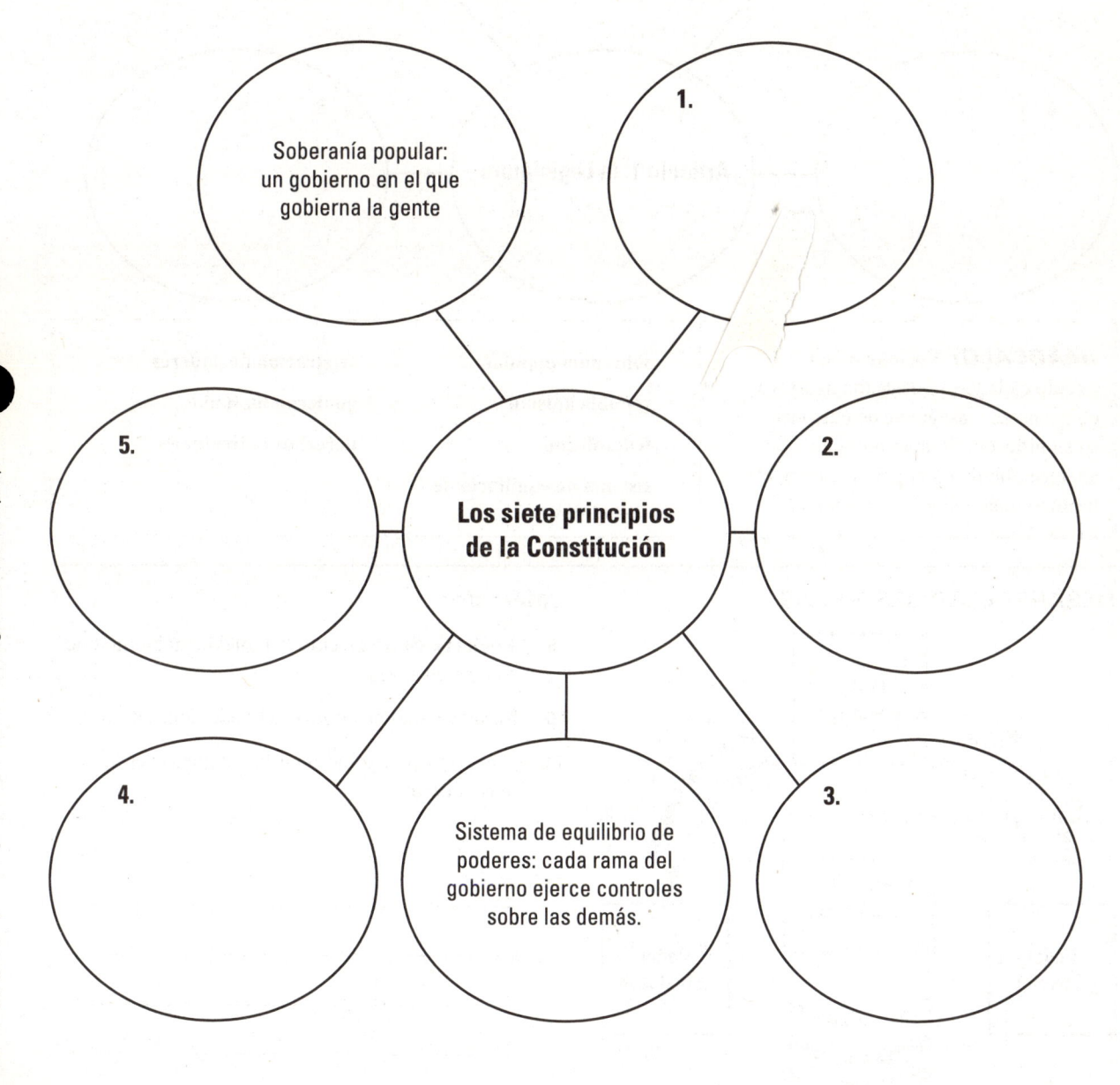

- Soberanía popular: un gobierno en el que gobierna la gente
- 1.
- **Los siete principios de la Constitución**
- 2.
- 3.
- Sistema de equilibrio de poderes: cada rama del gobierno ejerce controles sobre las demás.
- 4.
- 5.

CAPÍTULO CV

Guía de estudio para la lectura

Historia de los Estados Unidos
Capítulo CV, La Constitución viva   59

Nombre _____ **Fecha** _____

SECCIÓN 1: PRINCIPIOS, PREÁMBULO Y ARTÍCULO 1, *CONTINUACIÓN*

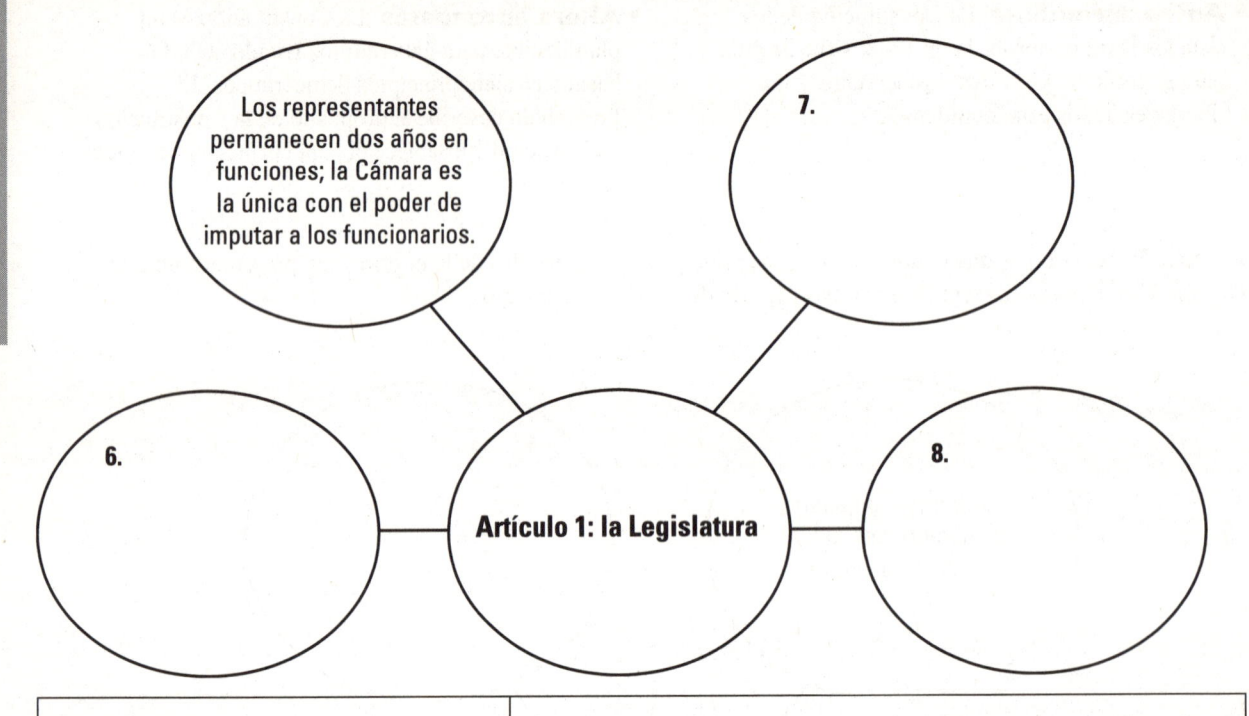

- Los representantes permanecen dos años en funciones; la Cámara es la única con el poder de imputar a los funcionarios.
- 7.
- 6.
- **Artículo 1: la Legislatura**
- 8.

¡MÁRCALO! Encierra en un círculo cada término cuando aparezca en tus notas y asegúrate de entender su significado. Si un término no aparece, dibuja un círculo y escribe el término donde *mejor* corresponda.

soberanía popular
republicanismo
federalismo
sistema de equilibrio de poderes

separación de poderes
gobierno limitado
derechos individuales

DESARROLLAR DESTREZAS

Poder Ejecutivo
Controla al presidente
Controla a las cortes
Sistema de equilibrio de poderes
Controla al Congreso
Controla al presidente
Poder Judicial
Poder Legislativo
Controla al Congreso
Controla a las cortes

El diagrama muestra el equilibrio de poder entre las tres ramas del gobierno estadounidense.

¡Márcalo!

9. **Encierra en un círculo** la rama del gobierno que ejecuta las leyes.

10. **Subraya** a quién controla el poder legislativo.

11. ¿Qué rama del gobierno estadounidense es la más poderosa?

_____
_____
_____
_____
_____

Historia de los Estados Unidos
Capítulo CV, La Constitución viva

Guía de estudio para la lectura

Nombre _____   **Fecha** _____

SECCIÓN 2 | Artículo 2, Artículo 3

- **Antes aprendiste** La Constitución es un plan flexible para el gobierno de Estados Unidos basado en siete principios democráticos. El Preámbulo describe el propósito de la Constitución y el Artículo 1 resume la función principal del poder legislativo.

- **Ahora aprenderás** Los poderes ejecutivo y judicial están claramente definidos, así como también el sistema de equilibrio de poderes entre las tres ramas del gobierno.

AL LEER Toma notas para categorizar la información de esta sección. Usa la ayuda gráfica para categorizar en ambas páginas de esta hoja de trabajo.

Artículo 2: el Poder Ejecutivo		
La Presidencia	**Atribuciones del presidente**	**Obligaciones del presidente**
1.	• comandante en jefe de las fuerzas armadas	7.
• electo mediante el sistema del Colegio Electoral	• otorga indultos y perdones, excepto en los casos de imputación contra funcionarios públicos	• convoca y levanta las sesiones de ambas cámaras del Congreso
2.		• recibe a los embajadores y otros ministros públicos
3.	5.	8.
• El salario no puede aumentarse ni disminuirse durante el mandato.	• designa a los embajadores, los jueces de la Corte Suprema y todos los otros funcionarios de los Estados Unidos	9.
4.	6.	

Guía de estudio para la lectura

Historia de los Estados Unidos
Capítulo CV, La Constitución viva

Nombre _____ **Fecha** _____

SECCIÓN 2: ARTÍCULO 2, ARTÍCULO 3, *CONTINUACIÓN*

Artículo 3: el Poder Judicial	
Cortes y jueces federales	**La autoridad de las cortes**
10. • Los salarios de los jueces no pueden disminuirse durante su mandato	• dar sentencia en casos que involucran a la Constitución, las leyes nacionales, los tratados y los conflictos entre estados • jurisdicción original en algunos casos; corte de apelación en otros 11.

¡MÁRCALO! Encierra en un círculo cada término donde aparezca en tus notas y asegúrate de entender su significado. Si un término no aparece, escríbelo adentro del recuadro donde *mejor* corresponda.

ciudadanos nativos   delitos menores
afirmación   cortes inferiores
indultos   apelar
convocar

DESARROLLAR DESTREZAS

¡Márcalo!

12. **Encierra en un círculo** el o los grupos etarios que contabilizaron menos que el 50 por ciento.

13. **Subraya** el porcentaje aproximado de votantes que tienen entre 55 y 64 años de edad.

14. **Escribe** una oración que resuma la información que se muestra en la gráfica.

_____
_____
_____
_____

[Gráfica de barras: Porcentaje de votantes por grupo vs. Grupo etario (años de edad). Barras aproximadas: Todos los grupos ~48%, 18-24 ~49%, 25-34 ~54%, 35-44 ~63%, 45-54 ~67%, 55-64 ~73%, Más de 64 años ~70%. Fuente: Oficina de Censos de los EE. UU.]

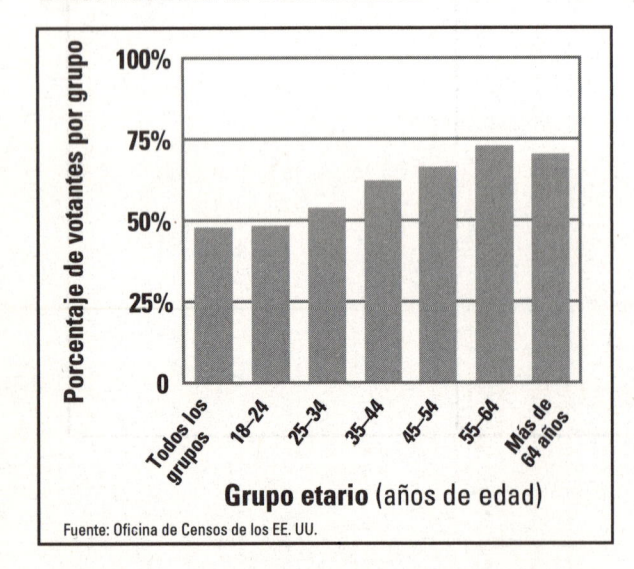

Esta gráfica de barras muestra el porcentaje de votantes de diferentes grupos etarios en las elecciones presidenciales del año 2004.

Historia de los Estados Unidos
Capítulo CV, La Constitución viva

Nombre _____ Fecha _____

SECCIÓN 3 | **Artículos 4 a 7**

- **Antes aprendiste** Los poderes ejecutivo y judicial están claramente definidos así como el sistema de equilibrio de poderes entre las tres ramas del gobierno.

- **Ahora aprenderás** Los padres fundadores se ocuparon de definir las relaciones entre los estados, las formas de enmendar la Constitución, la supremacía del gobierno nacional y el proceso de ratificación.

AL LEER Toma notas que enumeren las ideas principales y los detalles de la información presentada en esta sección. Usa la ayuda gráfica de idea principal y detalles en ambas páginas de esta hoja de trabajo.

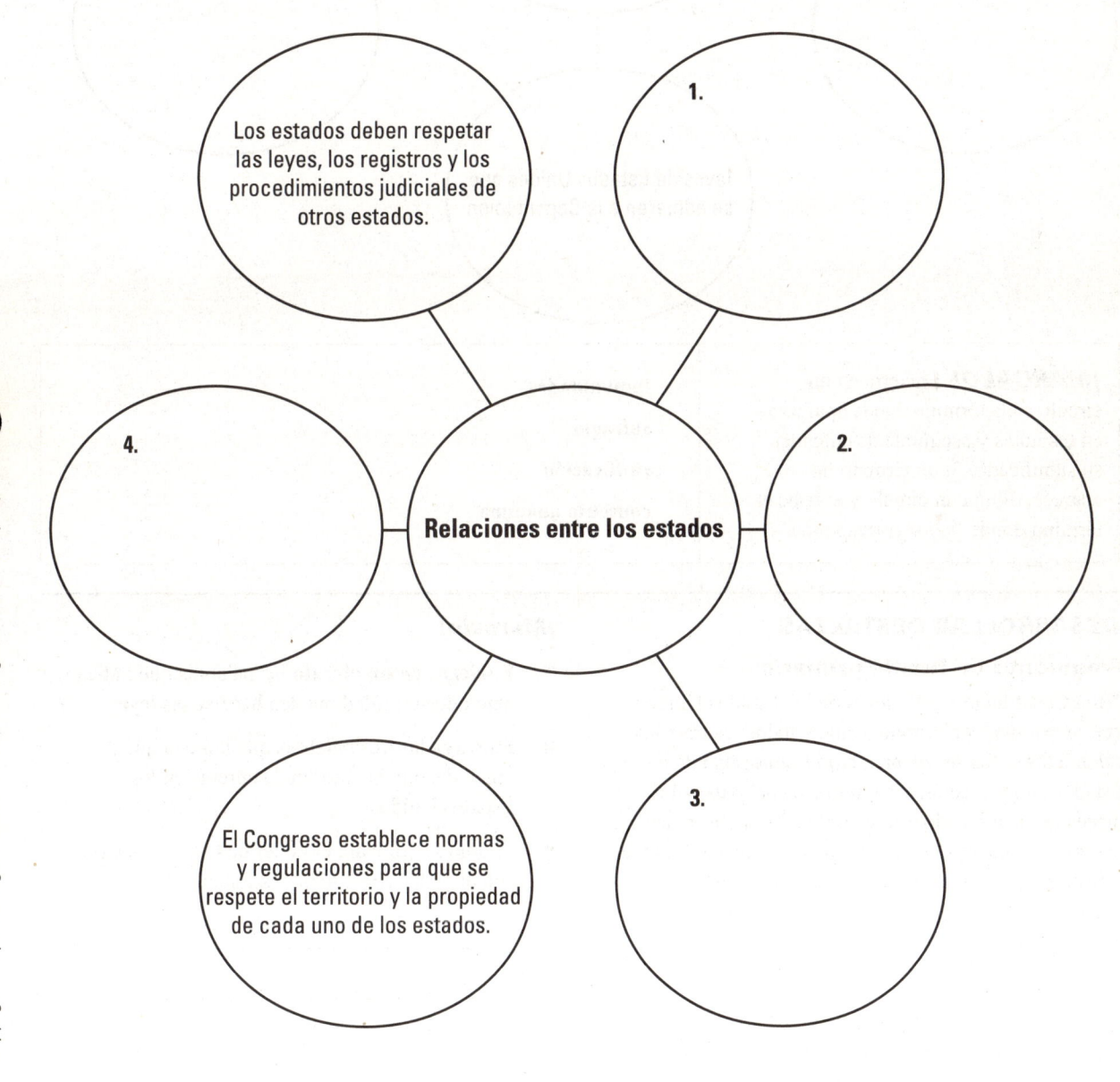

CAPÍTULO CV

Centro: **Relaciones entre los estados**

- Los estados deben respetar las leyes, los registros y los procedimientos judiciales de otros estados.
- 1.
- 2.
- 3.
- El Congreso establece normas y regulaciones para que se respete el territorio y la propiedad de cada uno de los estados.
- 4.

Guía de estudio para la lectura

Historia de los Estados Unidos
Capítulo CV, La Constitución viva

Nombre _____ Fecha _____

CAPÍTULO CV

SECCIÓN 3: ARTÍCULOS 4 A 7, *CONTINUACIÓN*

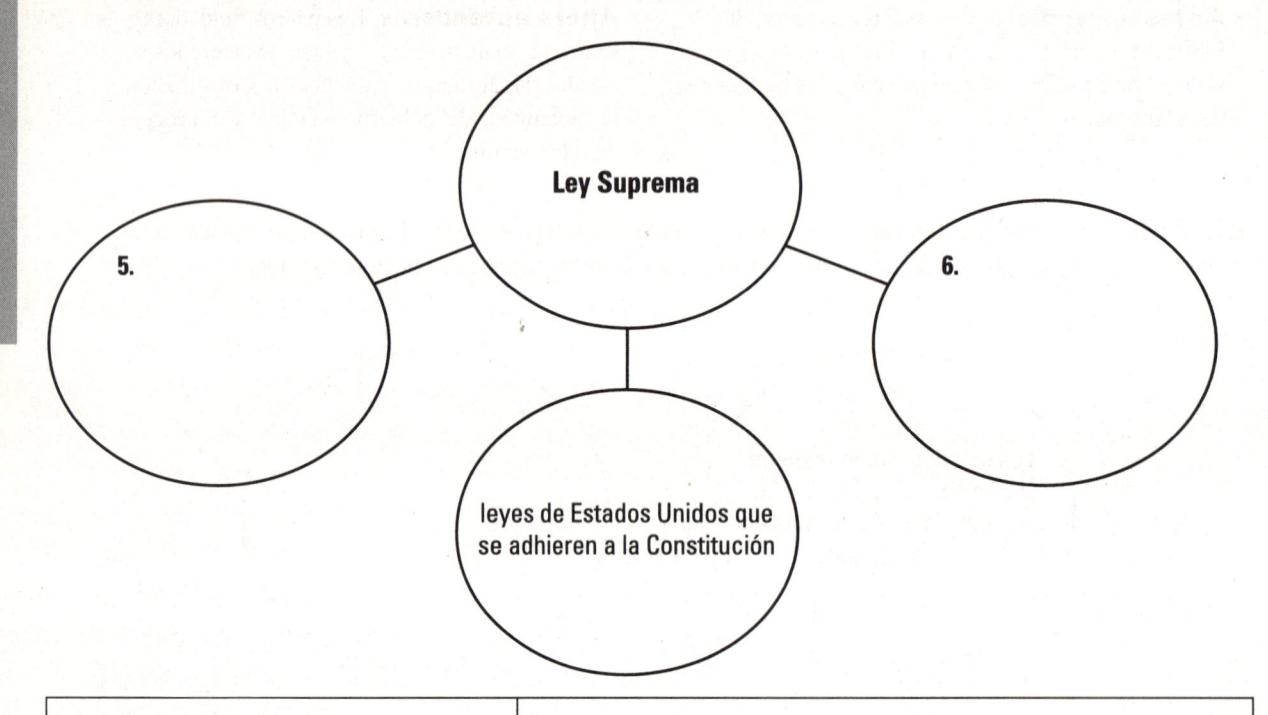

```
         ┌─────────────┐
         │ Ley Suprema │
         └──────┬──────┘
    ┌────┐     │     ┌────┐
    │ 5. │─────┼─────│ 6. │
    └────┘     │     └────┘
         ┌─────┴──────────┐
         │ leyes de Estados Unidos que │
         │ se adhieren a la Constitución │
         └────────────────┘
```

¡MÁRCALO! Encierra en un círculo cada término donde aparezca en tus notas y asegúrate de entender su significado. Si un término no aparece, dibuja un círculo y escribe el término donde *mejor* corresponda.	**inmunidades** **sufragio** **ratificación** **consenso unánime**

DESARROLLAR DESTREZAS

Fragmento de fuente primaria

"Esta Constitución, y las leyes de los Estados Unidos que se expidan con arreglo a ella, y todos los tratados celebrados o que se celebren bajo la autoridad de los Estados Unidos, serán la suprema ley del país, y los jueces de cada Estado estarán obligados a observarlos, a pesar de cualquier cosa contraria que se encuentre en la Constitución o en las leyes de cualquier Estado".

—Artículo 6, Sección 2, *Constitución de los Estados Unidos*

¡Márcalo!

7. **Encierra en un círculo** las palabras que indican bajo qué autoridad pueden hacerse las leyes.

8. **Subraya** las tres palabras que indican qué o quién detenta la autoridad suprema en los Estados Unidos.

9. ¿Cómo se compara el poder de la Constitución con el de las constituciones estatales?

   _____
   _____
   _____
   _____

Historia de los Estados Unidos
Capítulo CV, La Constitución viva

Guía de estudio para la lectura

Nombre _____ **Fecha** _____

SECCIÓN 4 | La Declaración de Derechos y las Enmiendas 11 a 27

- **Antes aprendiste** Los padres fundadores se ocuparon de definir las relaciones entre los estados, las formas de enmendar la Constitución, la supremacía del gobierno nacional y el proceso de ratificación.

- **Ahora aprenderás** Se han ratificado veintisiete enmiendas para mejorar y cambiar la Constitución, incluyendo la Declaración de Derechos, que protege específicamente los derechos individuales.

AL LEER Toma notas que enumeren los problemas y las soluciones planteados en la información de esta sección. Usa la tabla de problemas y soluciones en ambas páginas de esta hoja de trabajo.

Problemas	Soluciones
1.	Declaración de Derechos
2.	Enmienda Decimotercera
El Congreso necesita recaudar dinero para ayudar a pagar las deudas de la Primera Guerra Mundial.	4.
3.	Enmienda Decimonovena
El país quiere restablecer la producción y la venta de alcohol.	5.
Franklin Delano Roosevelt es elegido para tres mandatos consecutivos en el cargo de presidente; muchos creen que es excesivo que una misma persona sea presidente durante tanto tiempo.	6.
Algunos estadounidenses no pueden votar porque no pueden costear el impuesto electoral.	7.
A los soldados entre los 18 y 21 años de edad se les permite servir en las fuerzas armadas, pero su edad no es suficiente para votar.	8.

Guía de estudio para la lectura

Historia de los Estados Unidos
Capítulo CV, La Constitución viva

Nombre _____ Fecha _____

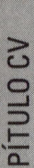

SECCIÓN 4: LA DECLARACIÓN DE DERECHOS Y LAS ENMIENDAS 11 A 27, *CONTINUACIÓN*

Problemas	Soluciones
Millones de afroamericanos están esclavizados.	10.
9.	La Enmienda Decimocuarta declara que todas las personas nacidas en los Estados Unidos son ciudadanos y todos gozan de igual protección legal.
A los esclavos recientemente libertos se les niegan los derechos electorales.	11.

¡MÁRCALO! Encierra en un círculo cada término donde aparezca en tus notas y asegúrate de entender su significado. Si un término no aparece, escribe el término adentro del recuadro donde *mejor* corresponda.	abreviar debido proceso legal consejo equidad esclavitud	naturalizado insurrección recompensas inoperante primaria

DESARROLLAR DESTREZAS

Fragmento de fuente primaria

"El Congreso no hará ley alguna por la que adopte una religión como oficial del Estado ni que prohíba practicar alguna religión libremente, o que coarte la libertad de expresión o de imprenta, o el derecho del pueblo para congregarse pacíficamente y para pedir al gobierno la reparación de agravios".

—Enmienda Primera, *Declaración de Derechos*

¡Márcalo!

12. **Encierra en un círculo** un sinónimo del verbo *reunirse*.

13. **Subraya** la frase que garantiza la separación entre iglesia y estado.

14. ¿Qué derecho protegido por la Enmienda Primera crees que es más importante? **Explica** tu respuesta.

_____
_____
_____
_____
_____

Historia de los Estados Unidos
Capítulo CV, La Constitución viva

Guía de estudio para la lectura

Nombre _____ **Fecha** _____

SECCIÓN 1 | La presidencia de Washington

- **Antes aprendiste** Una nueva Constitución, aprobada en 1788, sirvió de guía para el nuevo gobierno republicano.

- **Ahora aprenderás** George Washington y sus asesores afrontaron numerosos desafíos durante su presidencia.

AL LEER Toma notas que categoricen la información de esta sección. Usa la ayuda gráfica en ambas páginas de esta hoja de trabajo.

Miembro del gabinete	Responsabilidades
Alexander Hamilton	1.
2.	Secretario de Estado: supervisa las relaciones con los países extranjeros
Henry Knox	3.
Edmund Randolph	4.

Guía de estudio para la lectura

Historia de los Estados Unidos
Capítulo 9, El lanzamiento de una nueva república **67**

SECCIÓN 1: LA PRESIDENCIA DE WASHINGTON, *CONTINUACIÓN*

Plan de Alexander Hamilton	Metas del plan
saldar todas las deudas de guerra	5.
6.	Imponer aranceles a los bienes importados e incentivar a los estadounidenses a producir más bienes.
7.	Crear una institución que proporcionara un lugar donde el gobierno guardaría su dinero, que prestara dinero a las empresas y al gobierno y que emitiera la moneda que sería usada como dinero.
defender la interpretación "laxa" de la Constitución	8.

¡MÁRCALO! Encierra en un círculo cada término donde aparezca en tus notas y asegúrate de entender su significado. Si un término no aparece, escríbelo fuera del recuadro donde *mejor* corresponda.

Acta de Judicatura Federal

John Jay

fiscal general

gabinete

DESARROLLAR DESTREZAS

Cita de fuente primaria

"Tengo que informarle ahora, Señor, que [...] su patriotismo y su disposición para sacrificar [...] la dicha privada en aras de preservar el bienestar de su País [convenció al Congreso de aceptar] esta magna e importante gestión a la que se le convoca no sólo por los votos unánimes de los electores, sino además por la voz de los Estados Unidos de América".

—Charles Thomson, cita de *George Washington's Papers 1741–1799* (Documentos de George Washington, en la Biblioteca del Congreso, 1741-1799)

¡Márcalo!

9. **Encierra en un círculo** la palabra que indica la cantidad de electores que votaron por Washington.

10. **Subraya** las razones por las que los electores votaron por Washington.

11. ¿Qué frase le indica a Washington que ahora él representa al pueblo de los Estados Unidos?

Nombre _____ Fecha _____

SECCIÓN 2 | Desafíos del nuevo gobierno

- **Antes aprendiste** George Washington enfrentó muchos desafíos durante su presidencia.
- **Ahora aprenderás** Washington estableció una autoridad central en el país y evitó la guerra en el exterior.

AL LEER Toma notas que resuman la información de esta sección. Usa la ayuda gráfica en ambas páginas de esta hoja de trabajo.

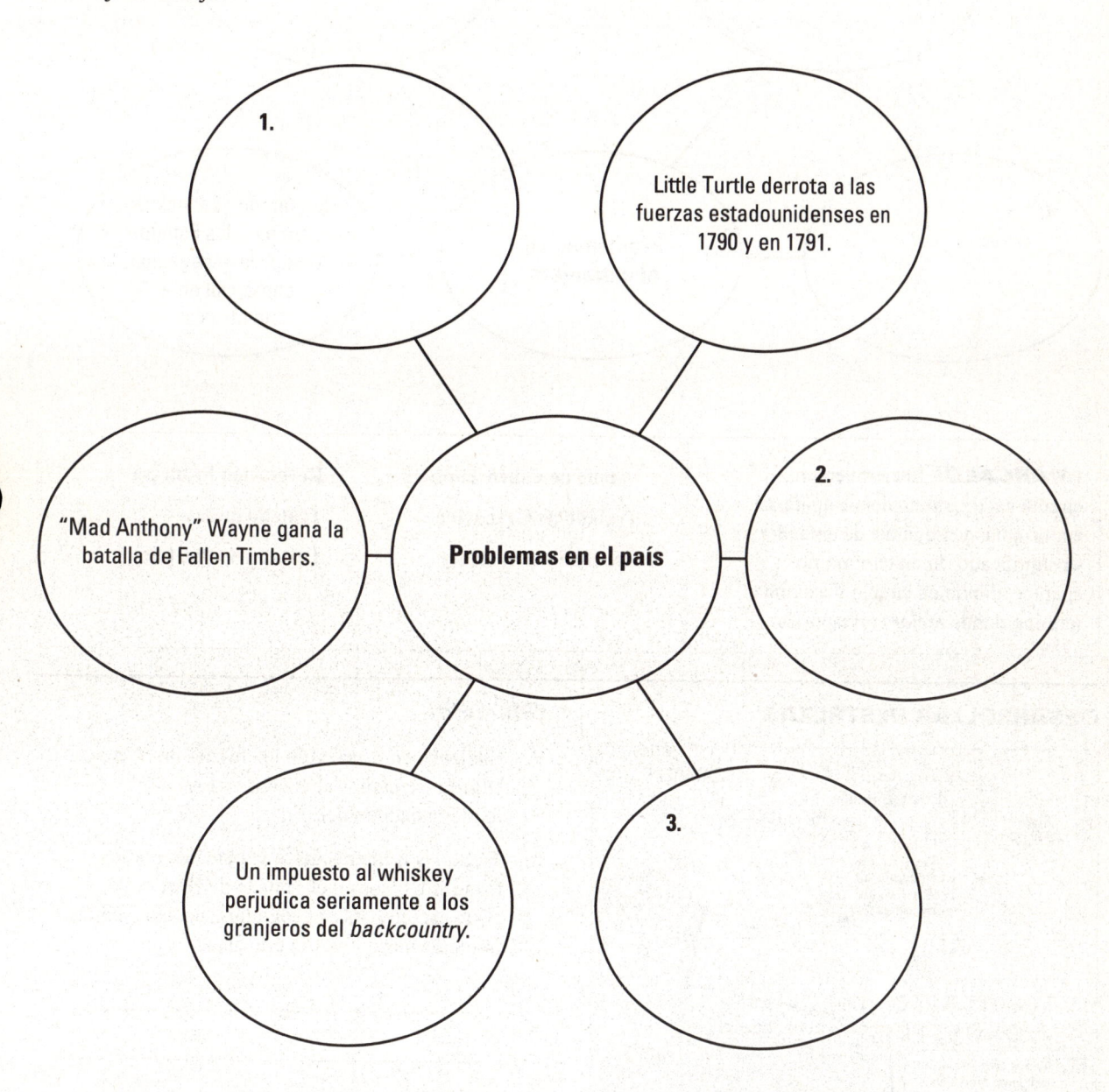

- 1.
- Little Turtle derrota a las fuerzas estadounidenses en 1790 y en 1791.
- "Mad Anthony" Wayne gana la batalla de Fallen Timbers.
- **Problemas en el país**
- 2.
- Un impuesto al whiskey perjudica seriamente a los granjeros del *backcountry*.
- 3.

Guía de estudio para la lectura

Historia de los Estados Unidos
Capítulo 9, El lanzamiento de una nueva república

Nombre _____ Fecha _____

SECCIÓN 2: DESAFÍOS DEL NUEVO GOBIERNO, *CONTINUACIÓN*

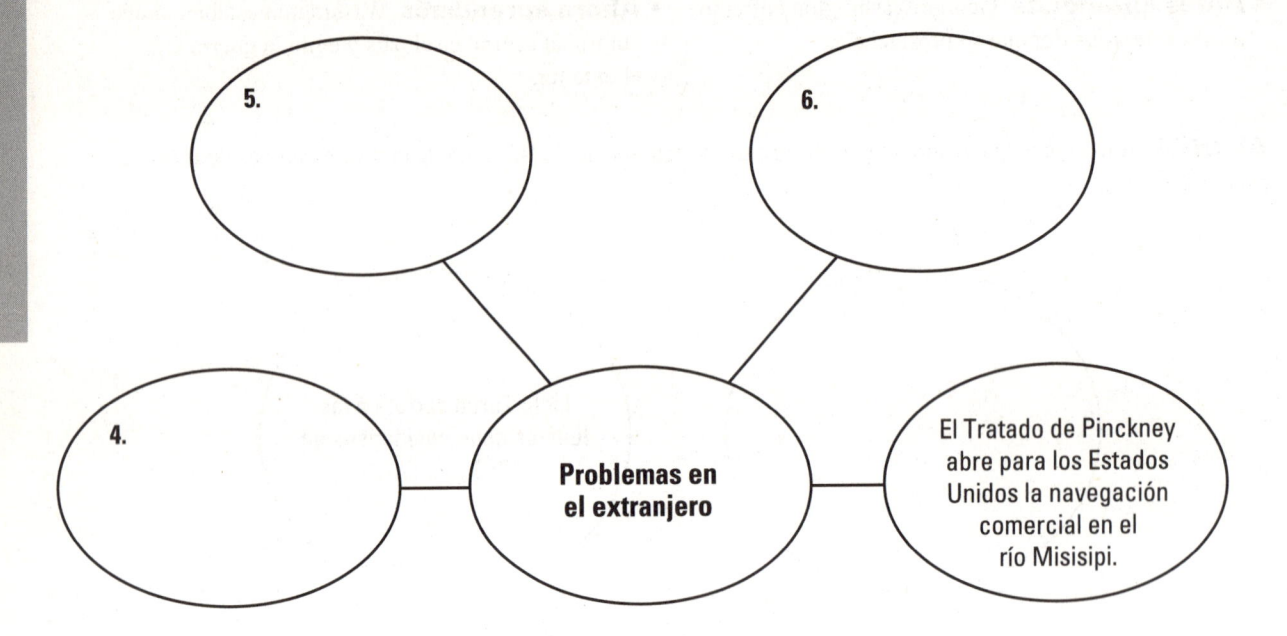

- 5.
- 6.
- 4.
- **Problemas en el extranjero**
- El Tratado de Pinckney abre para los Estados Unidos la navegación comercial en el río Misisipi.

| ¡**MÁRCALO!** Encierra en un círculo cada término donde aparezca en tus notas y asegúrate de entender su significado. Si un término no aparece, dibuja un círculo y escribe el término donde *mejor* corresponda. | batalla de Fallen Timbers
Tratado de Greenville
Rebelión del Whiskey | Revolución Francesa
Tratado de Jay
Tratado de Pinckney |

DESARROLLAR DESTREZAS

¡Márcalo!

7. **Encierra en un círculo** los fuertes británicos. **Dibuja** triángulos alrededor de los fuertes estadounidenses.

8. **Traza** las fronteras del área obtenida por los Estados Unidos en el Tratado de Greenville. ¿Qué características geográficas constituyen las fronteras norte y sur de este área?

_____

_____

9. ¿Qué fuerte estaba ubicado más cerca del campo de batalla?

_____

El mapa "Más allá de los Apalaches, el Oeste 1791–1795" muestra la ubicación de la batalla de Fallen Timbers.

Historia de los Estados Unidos
Capítulo 9, El lanzamiento de una nueva república

Guía de estudio para la lectura

Nombre _____ Fecha _____

SECCIÓN 3 | Los federalistas en el poder

- **Antes aprendiste** Washington estableció una autoridad central en el país y evitó la guerra en el exterior.

- **Ahora aprenderás** Los federalistas dominaron la política durante la presidencia de John Adams.

AL LEER Toma notas de las ideas principales y de los detalles que aportan información en esta sección. Usa la ayuda gráfica en ambas páginas de esta hoja de trabajo.

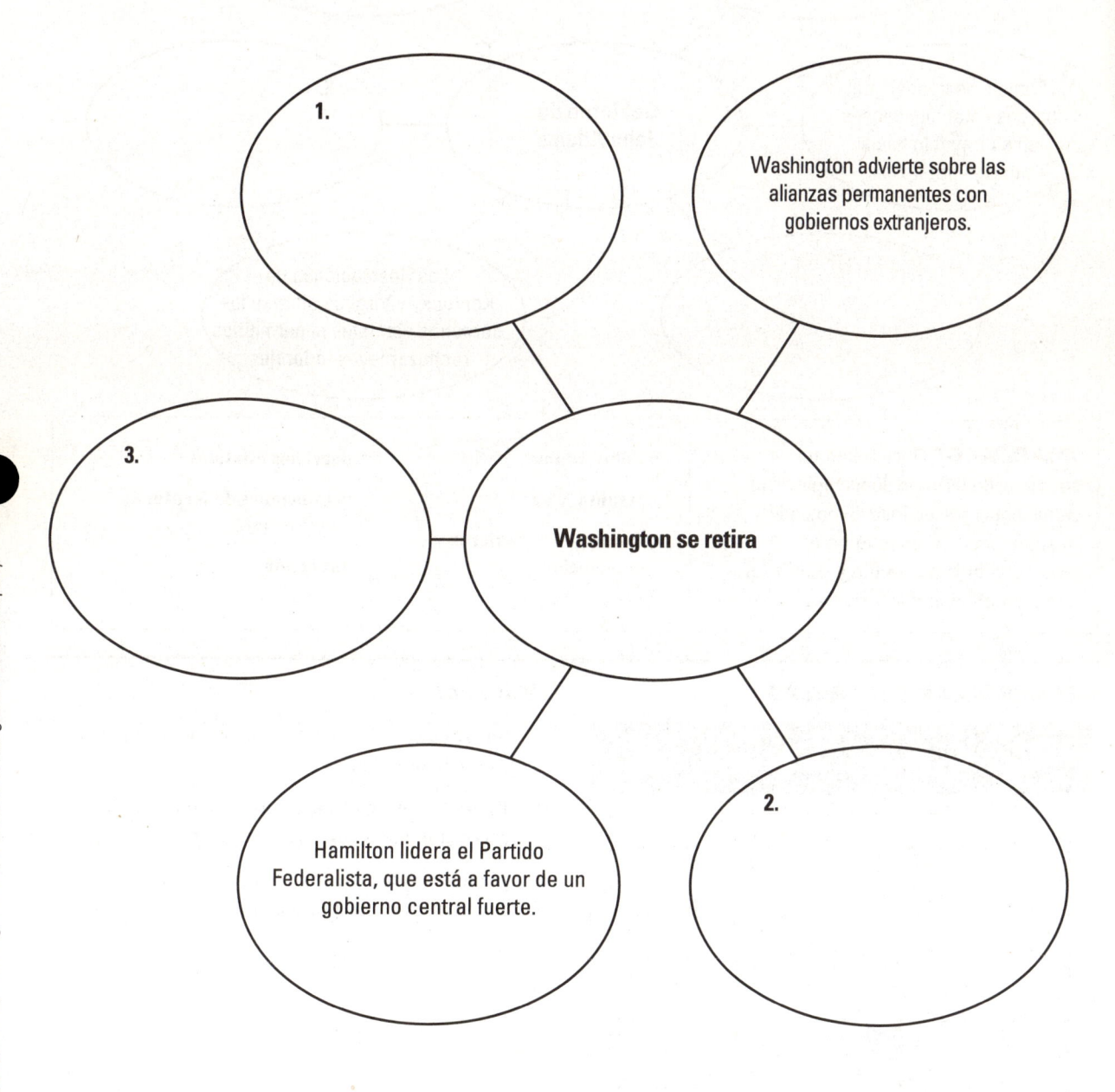

CAPÍTULO 9

1.

Washington advierte sobre las alianzas permanentes con gobiernos extranjeros.

3.

Washington se retira

Hamilton lidera el Partido Federalista, que está a favor de un gobierno central fuerte.

2.

Guía de estudio para la lectura

Historia de los Estados Unidos
Capítulo 9, El lanzamiento de una nueva república **71**

Nombre _____ Fecha _____

SECCIÓN 3: LOS FEDERALISTAS EN EL PODER, *CONTINUACIÓN*

CAPÍTULO 9

- John Adams, el candidato del Partido Federalista, es elegido presidente.
- Francia se apodera de barcos estadounidenses en su trayecto hacia puertos británicos.
- 4.
- **Gobierno de John Adams**
- 5.
- 6.
- Las Resoluciones de Kentucky y Virginia afirman los derechos estatales al permitirles rechazar leyes federales.

¡MÁRCALO! Encierra en un círculo cada término donde aparezca en tus notas y asegúrate de entender su significado. Si un término no aparece, dibuja un círculo y escribe el término donde *mejor* corresponda.	John Adams Asunto XYZ Actas de Extranjeros y Sedición	derechos estatales resoluciones de Kentucky y Virginia anulación

DESARROLLAR DESTREZAS

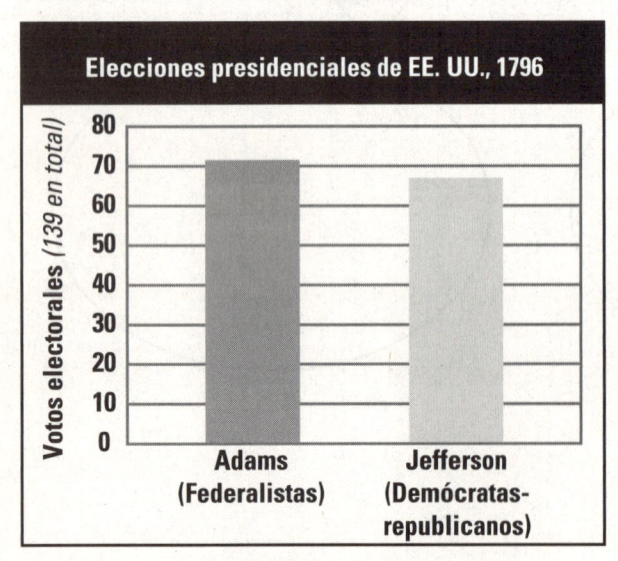

Elecciones presidenciales de EE. UU., 1796

Votos electorales (139 en total)

- Adams (Federalistas): ~71
- Jefferson (Demócratas-republicanos): ~67

La gráfica de barras muestra la división de los votos electorales en las elecciones presidenciales de 1796.

¡Márcalo!

7. **Subraya** el nombre del candidato que obtuvo el cargo de presidente.

8. **Encierra en un círculo** el partido político del candidato que perdió las elecciones.

9. ¿Cuántos votos electorales separaron al presidente del vicepresidente?

_____

Historia de los Estados Unidos
Capítulo 9, El lanzamiento de una nueva república

Guía de estudio para la lectura

Nombre _____   Fecha _____

SECCIÓN 1 — La democracia de Jefferson
Para usar con las páginas 338 a 343

- **Antes aprendiste** Los federalistas dominaron la política durante la presidencia de John Adams.

- **Ahora aprenderás** Luego de una elección empatada, Jefferson se convirtió en presidente y los demócratas-republicanos redujeron el poder del gobierno.

AL LEER Toma notas para enumerar las ideas principales y los detalles acerca de los acontecimientos presentados en esta sección. Usa el diagrama de ideas principales y detalles en ambas páginas de esta hoja de trabajo.

CAPÍTULO 10

- Elección presidencial de 1800: Thomas Jefferson (por los demócratas-republicanos) vs. El Presidente John Adams (por los Federalistas)

- 1.

- 2.

Un nuevo partido llega al poder

Guía de estudio para la lectura

Historia de los Estados Unidos
Capítulo 10, La era de Jefferson 73

Nombre _____ Fecha _____

SECCIÓN 1: LA DEMOCRACIA DE JEFFERSON, *CONTINUACIÓN*

CAPÍTULO 10

- Jefferson promueve las granjas pequeñas e independientes y limita el poder del gobierno central.
- 3.
- 4.

Jefferson y la democracia

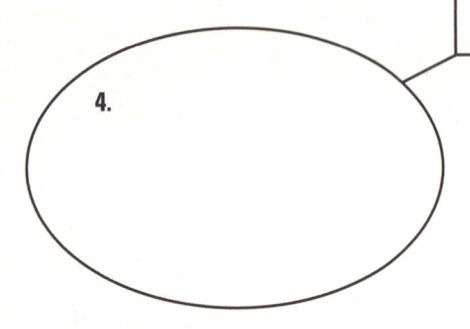

¡MÁRCALO! Encierra en un círculo cada término cuando aparezca en tus notas y asegúrate de entender su significado. Si un término no aparece, añade un círculo y escribe el término donde *mejor* corresponda.	Thomas Jefferson Acta Judicial de 1801 John Marshall control judicial

DESARROLLAR DESTREZAS

Esta pancarta electoral declaraba: "Thomas Jefferson: Presidente de los EE. UU. John Adams: no más".

¡Márcalo!

5. En el calce debajo de la pancarta de la campaña electoral, **encierra en un círculo** el eslogan a favor de Jefferson. **Subraya** el eslogan en contra de Adams.

6. **Localiza** el águila en la pancarta de la campaña electoral. ¿Qué podría simbolizar esta figura?

   _____

   _____

7. ¿El candidato de qué partido político ganó la presidencia en 1800?

   _____

Historia de los Estados Unidos
Capítulo 10, La era de Jefferson

Guía de estudio para la lectura

Nombre _____ Fecha _____

SECCIÓN 2

La Adquisición de Luisiana y su exploración
Para usar con las páginas 344 a 349

- **Antes aprendiste** Después de un empate en las elecciones, Jefferson se convirtió en presidente y los demócratas-republicanos redujeron el poder del gobierno.

- **Ahora aprenderás** La nación duplicó su tamaño cuando Jefferson realizó la Adquisición de Luisiana.

AL LEER Toma notas que enumeren las causas y los efectos de los acontecimientos presentados en esta sección. Usa el diagrama de causa y efecto en ambas páginas de esta hoja de trabajo.

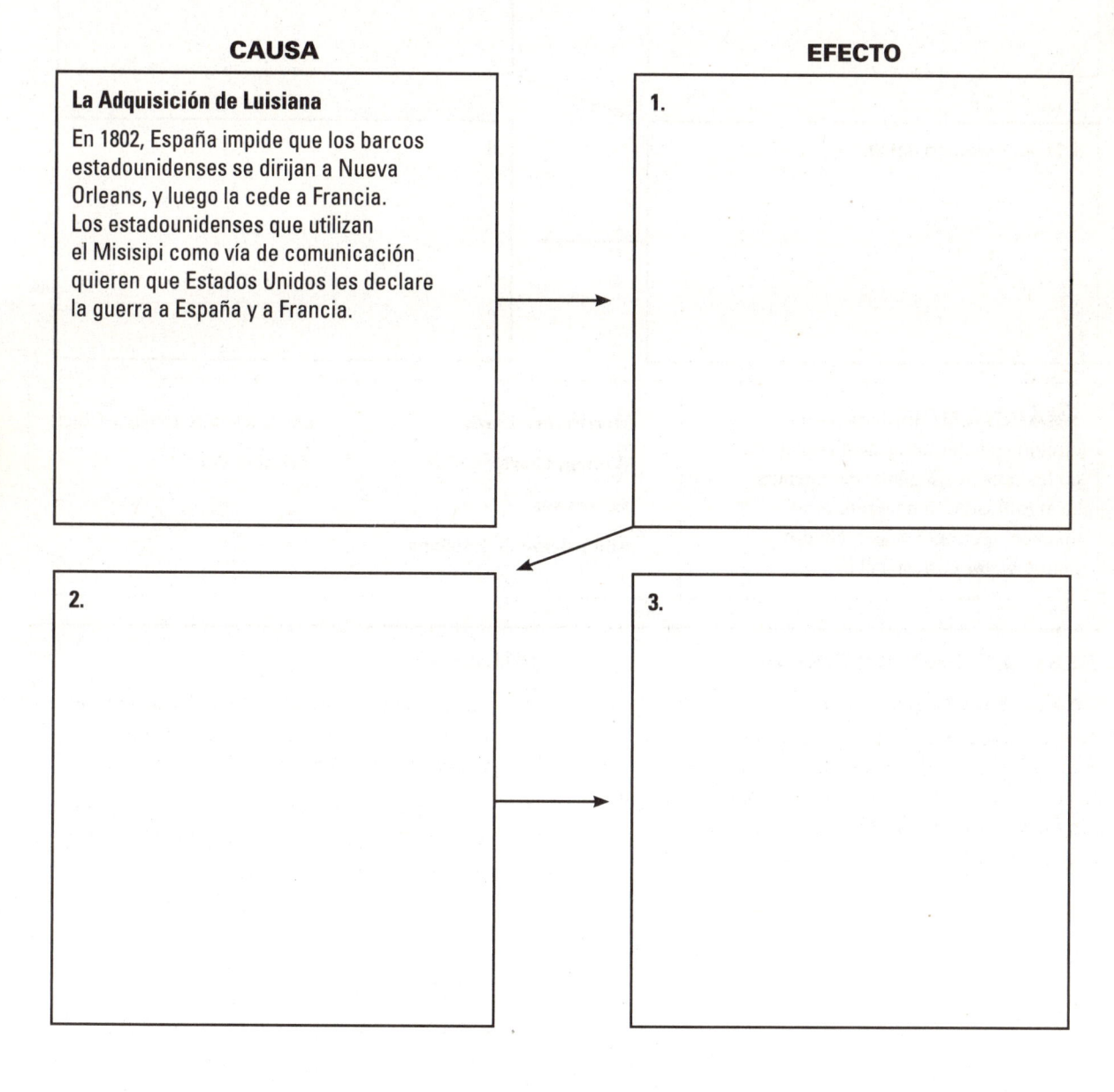

CAUSA

La Adquisición de Luisiana

En 1802, España impide que los barcos estadounidenses se dirijan a Nueva Orleans, y luego la cede a Francia. Los estadounidenses que utilizan el Misisipi como vía de comunicación quieren que Estados Unidos les declare la guerra a España y a Francia.

EFECTO

1.

2.

3.

CAPÍTULO 10

Guía de estudio para la lectura

Historia de los Estados Unidos
Capítulo 10, La era de Jefferson

75

Nombre _____ Fecha _____

SECCIÓN 2: LA ADQUISICIÓN DE LUISIANA Y SU EXPLORACIÓN, *CONTINUACIÓN*

CAPÍTULO 10

CAUSA

4. La exploración del Territorio de Luisiana

5. La exploración del Sur

EFECTO

Lewis y Clark parten en el verano de 1803, llegan a la costa del Pacífico en noviembre de 1805 y regresan a St. Louis en 1806. Durante sus viajes, recaban información y trazan mapas del territorio que recorren.

6.

¡MÁRCALO! Encierra en un círculo cada término cuando aparezca en tus notas y asegúrate de entender su significado. Si un término no aparece, escríbelo en el recuadro donde *mejor* corresponda.

Meriwether Lewis

William Clark

Sacagawea

Adquisición de Luisiana

expedición de Lewis y Clark

Zebulon Pike

DESARROLLAR DESTREZAS

Cita de fuente primaria

"Ver a esta mujer indígena [...] [les aseguró a los indígenas norteamericanos] nuestras intenciones pacíficas [...] Nunca una mujer acompañó a un grupo con fines bélicos en esta región".

—William Clark, entrada de diario, 19 de octubre, 1805

¡Márcalo!

7. ¿Acerca de quién escribe Clark en esta cita de fuente primaria? **Encierra en un círculo** la referencia a esa persona en el fragmento.

8. ¿Por qué se habrán sentido confiados los grupos de indígenas norteamericanos al ver a una mujer con la expedición?

_____
_____
_____

Historia de los Estados Unidos
Capítulo 10, La era de Jefferson

Guía de estudio para la lectura

Nombre _____ Fecha _____

SECCIÓN 3 | **La Guerra de 1812**
Para usar con las páginas 352 a 358

- **Antes aprendiste** Después de que Jefferson realizara la Adquisición de Luisiana, la nación duplicó su tamaño.

- **Ahora aprenderás** La nación se ganó la confianza y el respeto del mundo como consecuencia de la Guerra de 1812.

AL LEER Toma notas que enumeren los acontecimientos de esta sección en el orden en que ocurrieron. Usa el diagrama de secuencia en ambas páginas de esta hoja de trabajo.

CAPÍTULO 10

Camino a la guerra

Estalla la guerra entre Francia y Gran Bretaña. Gran Bretaña hace encolerizar a los norteamericanos al
- capturar a todos los barcos (incluyendo los barcos norteamericanos) que se dirigían hacia Francia.
- secuestrar marineros norteamericanos para que trabajaran en barcos británicos.
- ayudar a que los indígenas americanos lucharan contra los asentamientos norteamericanos de la frontera.

→

1. 1807

↙

2. 1809

→

3. 1811

Guía de estudio para la lectura

Historia de los Estados Unidos
Capítulo 10, La era de Jefferson **77**

Nombre _____ **Fecha** _____

SECCIÓN 3: LA GUERRA DE 1812, *CONTINUACIÓN*

CAPÍTULO 10

La Guerra de 1812

| El Congreso estadounidense declara la guerra a Gran Bretaña en junio de 1812. | 5. Agosto de 1814: | Enero de 1815: Andrew Jackson derrota a los británicos en la Batalla de Nueva Orleans, pero el Tratado de Ghent, en diciembre de 1814, ya había puesto fin a la guerra. |

| 4. Septiembre y octubre de 1813: | 6. Septiembre de 1814: |

¡MÁRCALO! Encierra en un círculo cada término cuando aparezca en tus notas y asegúrate de entender su significado. Si un término no aparece, escríbelo en el recuadro donde *mejor* corresponda.

Acta de Embargo de 1807   Oliver Hazard Perry

Tecumseh

halcones de guerra

DESARROLLAR DESTREZAS

¡Márcalo!

7. **Relee** la sección llamada "La Guerra de 1812". ¿Cuál fue el lugar de la victoria naval estadounidense más importante?

_____

8. **Ubica** el sitio de esta victoria en el mapa "La Guerra de 1812". **Enciérralo en un círculo**.

9. ¿Por qué el bloqueo británico no se extendió alrededor de Florida?

_____

_____

_____

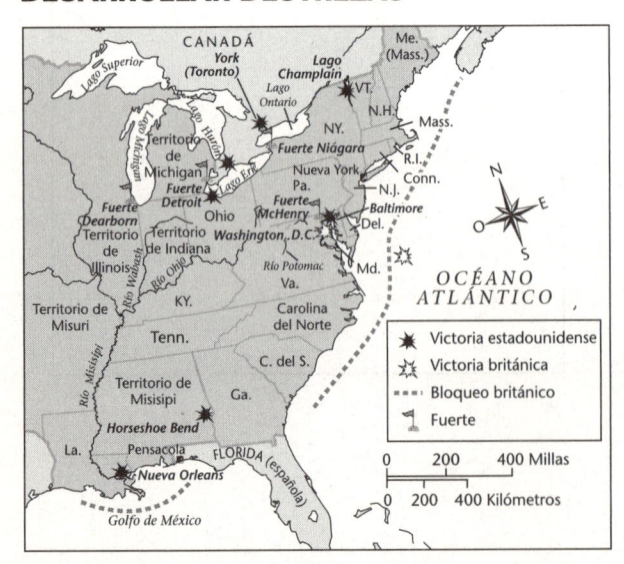

El mapa muestra las ubicaciones de los fuertes y de los campos de batalla de la Guerra de 1812.

Historia de los Estados Unidos
Capítulo 10, La era de Jefferson

Guía de estudio para la lectura

Nombre _____ Fecha _____

SECCIÓN 1 | Las primeras industrias e inventos

- **Antes aprendiste** La nación obtuvo confianza en sí misma y el respeto del mundo como resultado de la Guerra de 1812.

- **Ahora aprenderás** Las nuevas industrias y los inventos cambiaron la manera en que las personas vivían y trabajaban a comienzos del siglo XIX.

AL LEER Toma notas que presenten los acontecimientos de esta sección en el orden en que ocurrieron. Usa las ayudas gráficas de secuencia en ambas páginas de esta hoja de trabajo

Fines del siglo XVIII

Comienza la Revolución Industrial en Gran Bretaña cuando las fábricas empiezan a reemplazar a las herramientas manuales.

1.

Después de 1790

Los dueños de las fábricas textiles comienzan a emplear familias enteras como mano de obra.

2.

Eli Whitney demuestra el uso de las partes intercambiables.

3.

4. **Década de 1830**

Guía de estudio para la lectura

Historia de los Estados Unidos
Capítulo 11, Crecimiento nacional y regional   **79**

Nombre _____ Fecha _____

SECCIÓN 1: LAS PRIMERAS INDUSTRIAS E INVENTOS, *CONTINUACIÓN*

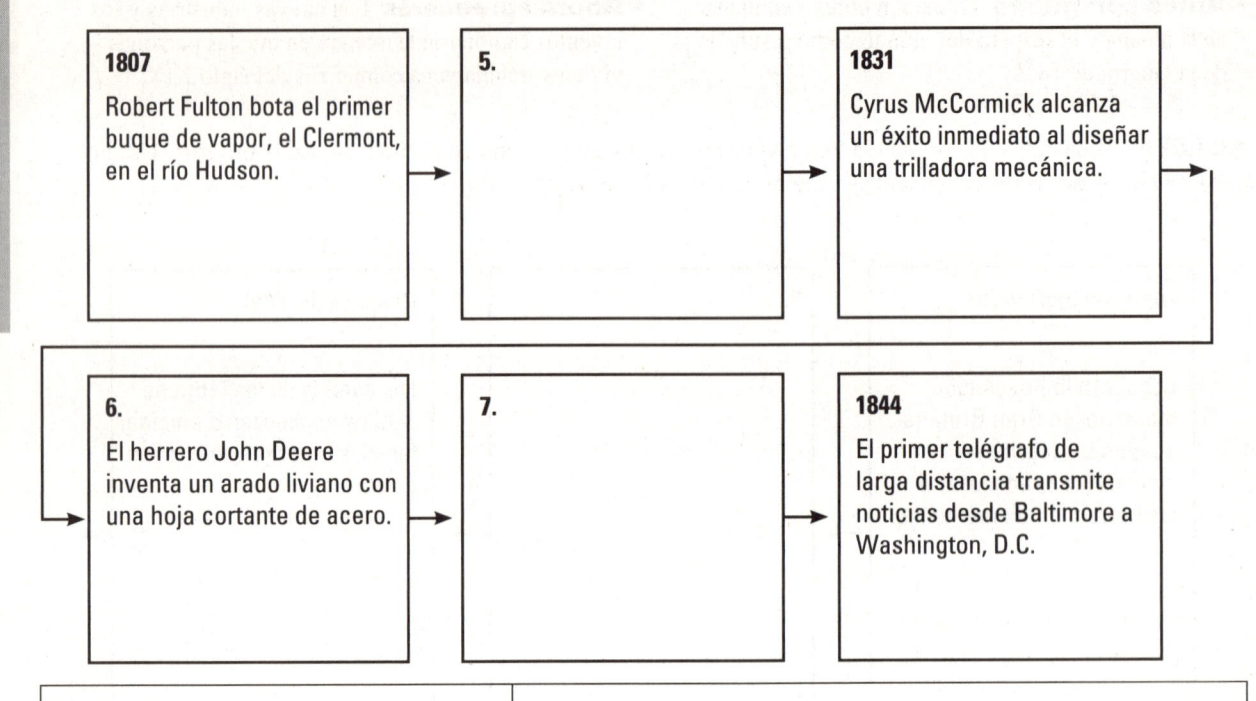

1807 — Robert Fulton bota el primer buque de vapor, el Clermont, en el río Hudson.	5.	1831 — Cyrus McCormick alcanza un éxito inmediato al diseñar una trilladora mecánica.
6. El herrero John Deere inventa un arado liviano con una hoja cortante de acero.	7.	1844 — El primer telégrafo de larga distancia transmite noticias desde Baltimore a Washington, D.C.

¡MÁRCALO! Encierra en un círculo cada término donde aparezca en tus notas y asegúrate de entender su significado. Si un término no aparece, escríbelo fuera del recuadro donde *mejor* corresponda.

Revolución Industrial
Samuel Slater
sistema de fábricas
fábricas de Lowell

Robert Fulton
Peter Cooper
Samuel F. B. Morse

DESARROLLAR DESTREZAS

Cita de fuente primaria

"El bullicio y la agitación de estos quinientos telares en pleno trabajo nos golpeaban [...] como algo espantoso e infernal [...] La atmósfera de semejante recinto [...] estaba repleta de filamentos de algodón y de polvo, los cuales, se nos dijo, son muy perjudiciales para los pulmones. En la entrada del recinto, aunque el día fuera cálido, veíamos que las ventanas estaban cerradas [...] Nos hallábamos [...] transpirando por completo [...]."

— *A description of Factory Life by an Associationist*, 1846 (Una descripción de la vida en las fábricas por un asociacionista)

¡Márcalo!

8. **Encierra en un círculo** los adjetivos que utiliza el narrador para describir los telares.

9. **Subraya** las condiciones que pueden provocar daños físicos a los obreros de la fábrica.

Nombre _____ Fecha _____

SECCIÓN 2 | Proliferación de las plantaciones y de la esclavitud

- **Antes aprendiste** Las nuevas industrias y los inventos transformaron la forma de vida y de trabajo de las personas a comienzos del siglo XIX.
- **Ahora aprenderás** La invención de la despepitadora de algodón y la demanda de algodón hicieron que la esclavitud proliferara en el Sur.

AL LEER Toma notas que enumeren las causas y los efectos de los acontecimientos presentados en esta sección. Usa las ayudas gráficas de causas y efectos en ambas páginas de esta hoja de trabajo.

CAUSA → **EFECTO/CAUSA**

CAUSA	EFECTO/CAUSA	
La Revolución Industrial aumenta la cantidad de bienes producidos.	1.	Eli Whitney inventa la despepitadora de algodón en 1793.
2.	3.	La propagación de la esclavitud hace que aumenten las ganancias.

Guía de estudio para la lectura

Historia de los Estados Unidos
Capítulo 11, Crecimiento nacional y regional

CAPÍTULO 11

Nombre _____ Fecha _____

CAPÍTULO 11

SECCIÓN 2: PROLIFERACIÓN DE LAS PLANTACIONES Y DE LA ESCLAVITUD, *CONTINUACIÓN*

CAUSA

La esclavitud oprime a los afroamericanos.

EFECTOS

Algunos afroamericanos, como Frederick Douglass, escapan al Norte.

4.

¡MÁRCALO! Encierra en un círculo cada término donde aparezca en tus notas y asegúrate de entender su significado. Si un término no aparece, escríbelo fuera del recuadro donde *mejor* corresponda.

despepitadora de algodón

Eli Whitney

Nat Turner

DESARROLLAR DESTREZAS

Zonas de cultivo de algodón en 1840

¡Márcalo!

5. **Encierra en un círculo** las capitales estatales ubicadas en las áreas de cultivo de algodón.

6. **Subraya** los tres estados con las áreas más pequeñas dedicadas al cultivo de algodón.

7. ¿Qué estados crees que tenían la mayor cantidad de población esclava? ¿Por qué?

_____
_____
_____
_____
_____

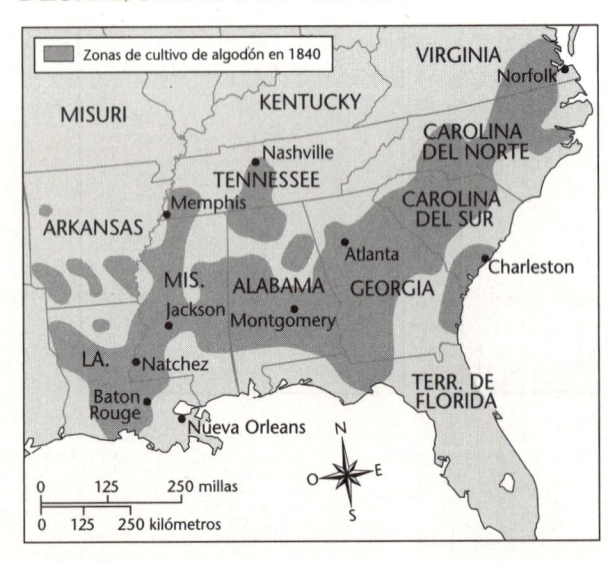

El mapa muestra las áreas en las que se cultivaba algodón en 1840.

Historia de los Estados Unidos
Capítulo 11, Crecimiento nacional y regional

Guía de estudio para la lectura

82

Nombre _____   Fecha _____

SECCIÓN 3 | Nacionalismo y seccionalismo

- **Antes aprendiste** La invención de la despepitadora de algodón y la demanda de algodón hicieron que la esclavitud proliferara en el Sur.

- **Ahora aprenderás** Mientras el orgullo patriótico fortalecía la unidad nacional, crecía la tensión entre el Norte y el Sur.

AL LEER Toma notas que enumeren las ideas principales y los detalles de esta sección. Usa la ayuda gráfica de idea principal y detalles en ambas páginas de esta hoja de trabajo.

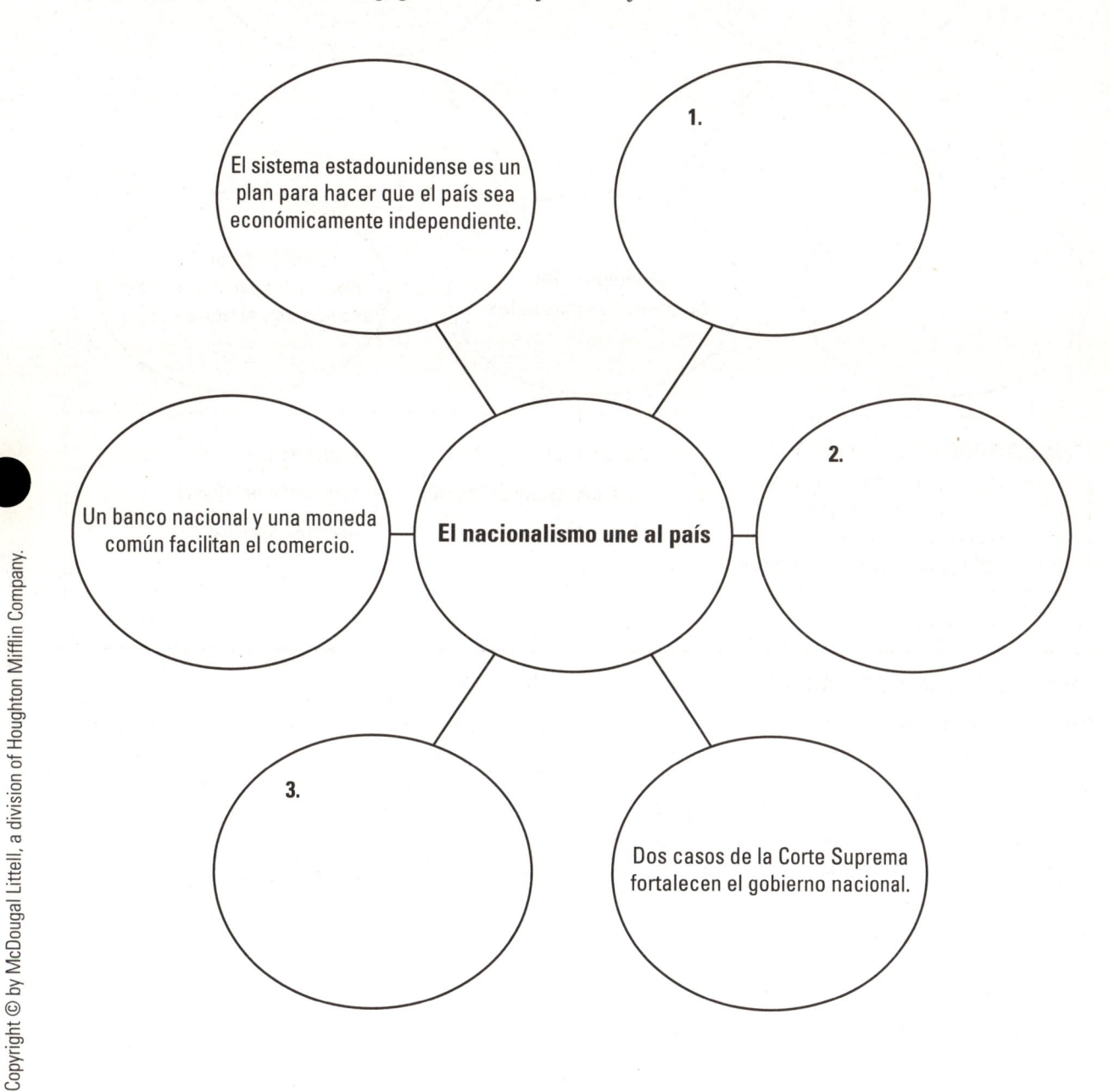

CAPÍTULO 11

- El sistema estadounidense es un plan para hacer que el país sea económicamente independiente.

- 1.

- Un banco nacional y una moneda común facilitan el comercio.

- **El nacionalismo une al país**

- 2.

- 3.

- Dos casos de la Corte Suprema fortalecen el gobierno nacional.

Guía de estudio para la lectura

Historia de los Estados Unidos
Capítulo 11, Crecimiento nacional y regional   83

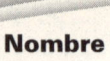

SECCIÓN 3: NACIONALISMO Y SECCIONALISMO, *CONTINUACIÓN*

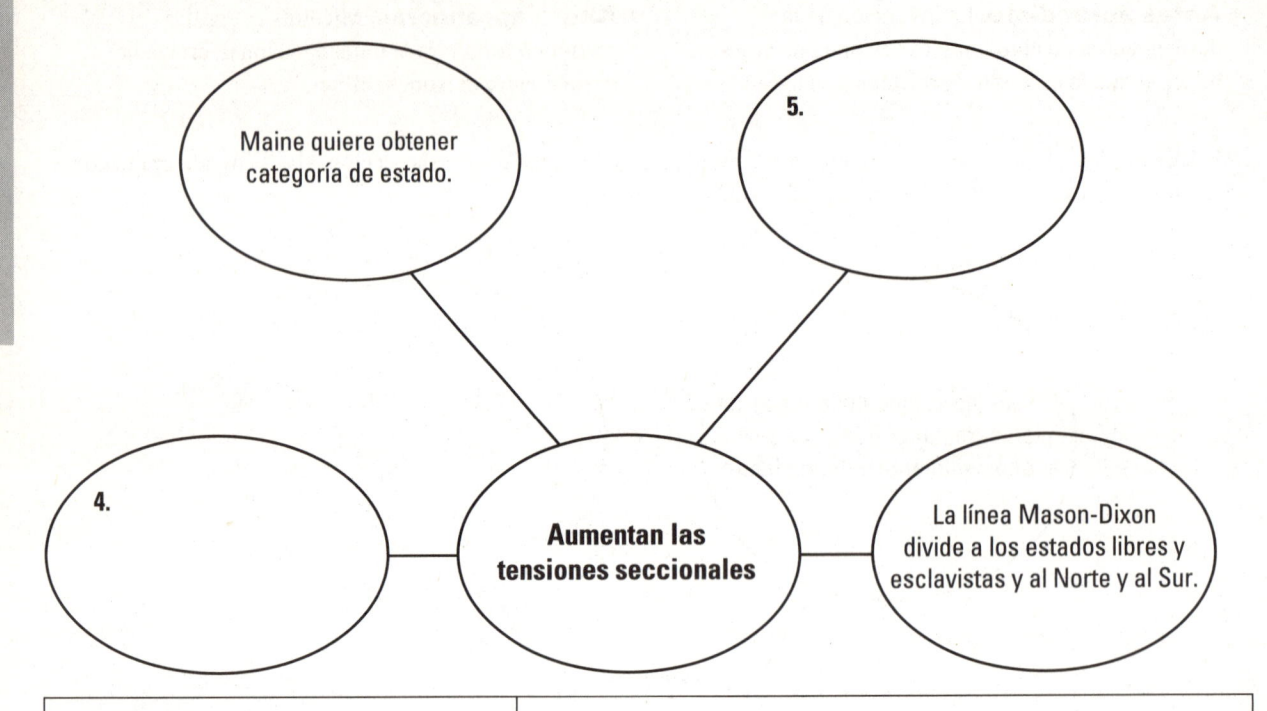

- Maine quiere obtener categoría de estado.
- 5.
- 4.
- **Aumentan las tensiones seccionales**
- La línea Mason-Dixon divide a los estados libres y esclavistas y al Norte y al Sur.

¡MÁRCALO! Encierra en un círculo cada término donde aparezca en tus notas y asegúrate de entender su significado. Si un término no aparece, dibuja un círculo y escribe el término donde *mejor* corresponda.	Henry Clay Sistema Estadounidense James Monroe	Canal de Erie Concesión de Misuri doctrina Monroe

DESARROLLAR DESTREZAS

Cita de fuente primaria

"La cuestión [de Misuri], como una alarma de incendio en la noche, me despertó y me llenó de terror [...] Una línea geográfica [...] una vez concebida y sostenida frente a las furiosas pasiones de los hombres, nunca será [eliminada]; y cada nueva irritación la marcará más y más profundamente".

—Thomas Jefferson, 22 de abril, 1820

¡Márcalo!

6. En el recuadro de vocabulario de arriba, **encierra en un círculo** el término que Jefferson compara con "una alarma de incendio en la noche" en la cita de fuente primaria.

7. En la cita de fuente primaria, **subraya** las palabras que se refieren a la línea Mason–Dixon. ¿Por qué la idea de esta línea aterroriza a Jefferson?

_____
_____
_____
_____
_____

Nombre _____ Fecha _____

SECCIÓN 1 | **La democracia de Jackson y los derechos de los estados**

CAPÍTULO 12

- **Antes aprendiste** Las fuerzas y los acontecimientos de comienzos del siglo XIX fortalecieron a la vez que amenazaron la unidad nacional y el desarrollo.

- **Ahora aprenderás** La elección de Andrew Jackson como presidente en 1828 inició una nueva era de democracia popular.

AL LEER Toma notas acerca de las ideas principales y los detalles de esta sección. Usa la ayuda gráfica de ideas principales y detalles en ambas páginas de esta hoja de trabajo.

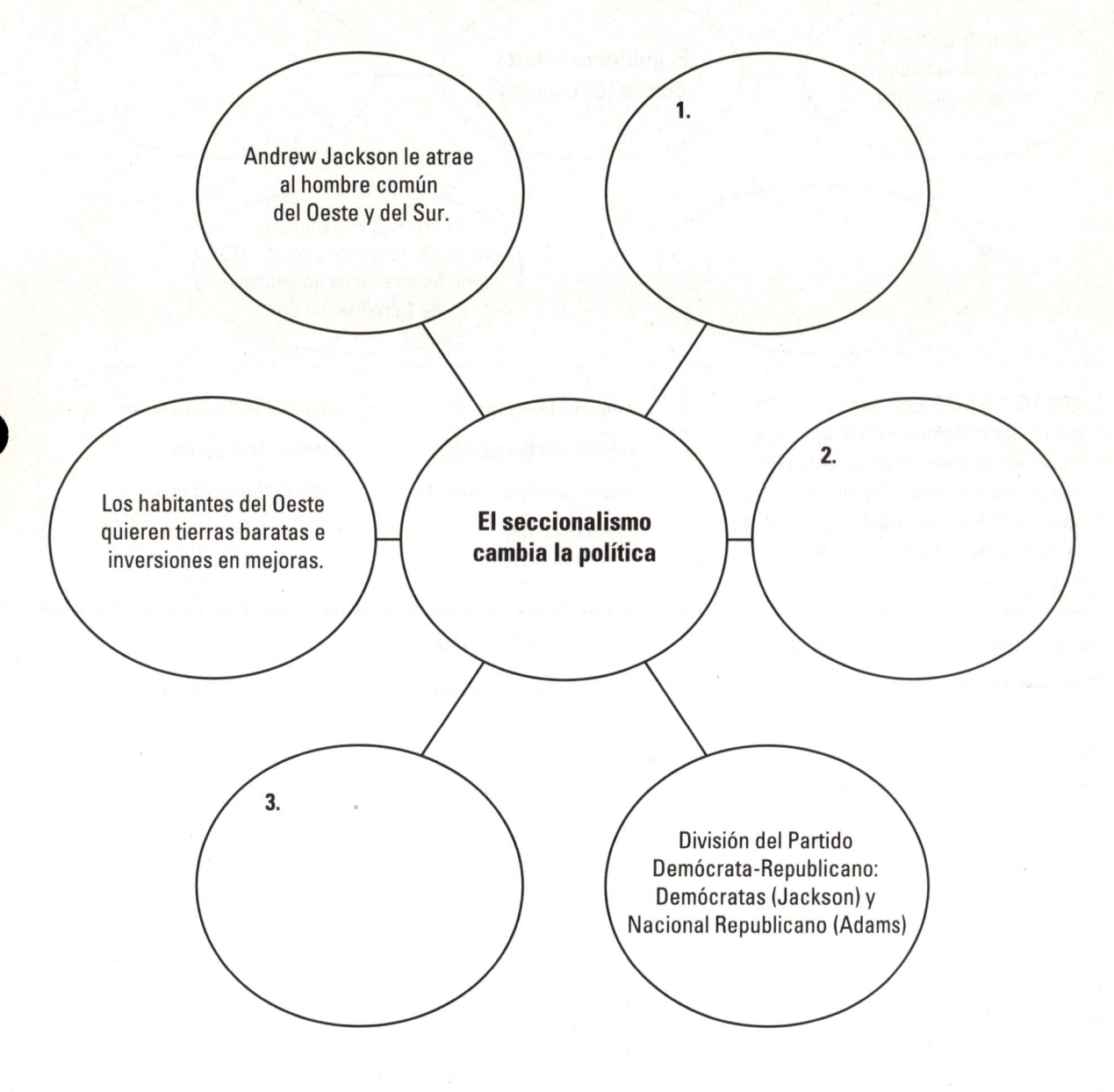

- Andrew Jackson le atrae al hombre común del Oeste y del Sur.
- 1.
- Los habitantes del Oeste quieren tierras baratas e inversiones en mejoras.
- **El seccionalismo cambia la política**
- 2.
- 3.
- División del Partido Demócrata-Republicano: Demócratas (Jackson) y Nacional Republicano (Adams)

Guía de estudio para la lectura

Historia de los Estados Unidos
Capítulo 12, La era de Jackson **85**

Nombre _____ **Fecha** _____

CAPÍTULO 12

SECCIÓN 1: LA DEMOCRACIA DE JACKSON Y LOS DERECHOS DE LOS ESTADOS, *CONTINUACIÓN*

Diagrama de burbujas centrado en: **El gobierno federal contra los estados**

- Algunos están a favor de un gobierno federal fuerte; otros están a favor de los derechos estatales.
- John C. Calhoun promueve la doctrina de la invalidación.
- 4.
- 5.
- 6.
- El arancel aduanero de concesión de Henry Clay, en 1833, pone fin a la crisis de secesión de Carolina del Sur.

¡MÁRCALO! Encierra en un círculo cada término donde aparezca en tus notas y asegúrate de entender su significado. Si un término no aparece, dibuja un círculo y escribe el término donde *mejor* corresponda.

- Andrew Jackson
- John C. Calhoun
- democracia jacksoniana
- Arancel de las Abominaciones
- doctrina de la anulación
- sistema de despojos
- John Quincy Adams

DESARROLLAR DESTREZAS

Cita de fuente primaria

"Cuando el discurso terminó y el Presidente hizo su saludo de despedida, la barrera que lo había separado de la gente fue tirada abajo y todos corrieron hacia arriba por las escaleras, ansiosos de darle un apretón de manos [...] Campesinos, granjeros, caballeros, montados a caballo y a pie, jóvenes, mujeres y niños, negros y blancos. Carruajes, carretas y carros, todos lo siguieron hasta la casa presidencial".

—Margaret Bayard Smith, *The First Forty Years of Washington Society* (Los primeros cuarenta años de la sociedad de Washington)

¡Márcalo!

7. **Encierra en un círculo** el adjetivo que describe los sentimientos de la gente hacia el presidente Jackson.

8. **Subraya** la gente que concurrió a escuchar el discurso de la investidura del presidente Jackson.

9. ¿Hacia dónde se dirigieron todos?

_____

_____

Historia de los Estados Unidos
Capítulo 12, La era de Jackson

Guía de estudio para la lectura

SECCIÓN 2 | # La política de Jackson hacia los indígenas

- **Antes aprendiste** La elección de Andrew Jackson como presidente en 1828 abrió una nueva era de democracia popular.

- **Ahora aprenderás** Durante la presidencia de Jackson, los indígenas norteamericanos fueron obligados a trasladarse al oeste del río Misisipi.

AL LEER Toma notas que enumeren las causas y los efectos de los acontecimientos presentados en esta sección. Usa la ayuda gráfica de causa y efecto en ambas páginas de esta hoja de trabajo.

CAUSAS

Los indígenas americanos son considerados un obstáculo para el progreso.

1.

El presidente Jackson siente que el gobierno de los EE. UU. tiene el derecho de indicar a los indígenas norteamericanos dónde vivir.

2.

EFECTO

Acta del Traslado de los Indígenas

Guía de estudio para la lectura

Historia de los Estados Unidos
Capítulo 12, La era de Jackson

Nombre _____ **Fecha** _____

SECCIÓN 2: LA POLÍTICA DE JACKSON HACIA LOS INDÍGENAS, *CONTINUACIÓN*

EFECTOS

CAUSA

Acta del Traslado de los Indígenas

3.

4.

5.

Algunos indígenas norteamericanos se resisten al traslado mediante rebeliones violentas.

¡MÁRCALO! Encierra en un círculo cada término donde aparezca en tus notas y asegúrate de entender su significado. Si un término no aparece, escríbelo fuera del recuadro donde *mejor* corresponda.

- Sequoya
- Acta del Traslado de los Indígenas
- Territorio Indígena
- Marcha de las Lágrimas
- Osceola

DESARROLLAR DESTREZAS

¡Márcalo!

6. En el mapa "Traslado de las tribus del sureste 1820–1840", **encierra en un círculo** el nombre de la tribu que viajó más lejos.

7. **Subraya** la tribu que fue trasladada porque se encontró oro en su territorio.

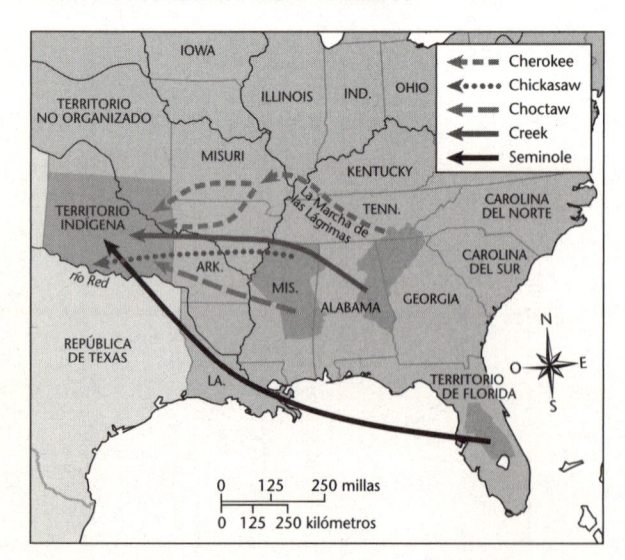

El mapa "Traslado de las tribus del sureste, 1820-1840" muestra las rutas que tomaron las tribus del sureste en la Marcha de las Lágrimas.

Historia de los Estados Unidos
Capítulo 12, La era de Jackson

Guía de estudio para la lectura

Nombre _____ **Fecha** _____

SECCIÓN 3 | Prosperidad y pánico

- **Antes aprendiste** Durante la presidencia de Jackson, los indígenas americanos fueron obligados a trasladarse al oeste del río Misisipi.

- **Ahora aprenderás** Después de que Jackson abandonara la presidencia, su política causó el colapso de la economía y afectó a las elecciones siguientes.

CAPÍTULO 12

AL LEER Toma notas que enumeren los acontecimientos de esta sección en el orden en que ocurrieron. Usa la ayuda gráfica de secuencia en ambas páginas de esta hoja de trabajo.

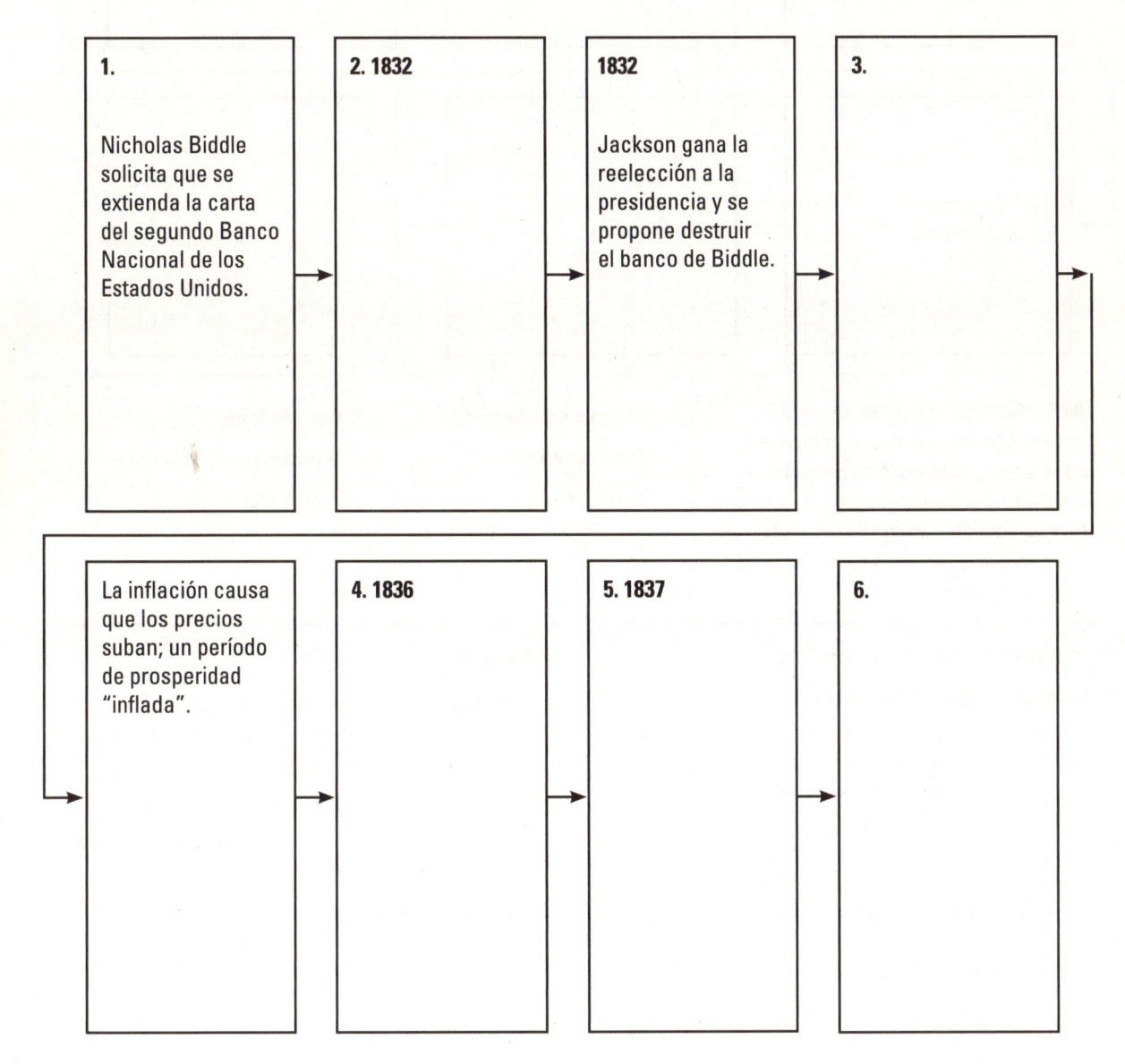

| 1. Nicholas Biddle solicita que se extienda la carta del segundo Banco Nacional de los Estados Unidos. | → | 2. 1832 | → | 1832 Jackson gana la reelección a la presidencia y se propone destruir el banco de Biddle. | → | 3. |

| La inflación causa que los precios suban; un período de prosperidad "inflada". | → | 4. 1836 | → | 5. 1837 | → | 6. |

Guía de estudio para la lectura

Historia de los Estados Unidos
Capítulo 12, La era de Jackson   **89**

Nombre _____ **Fecha** _____

SECCIÓN 3: PROSPERIDAD Y PÁNICO, *CONTINUACIÓN*

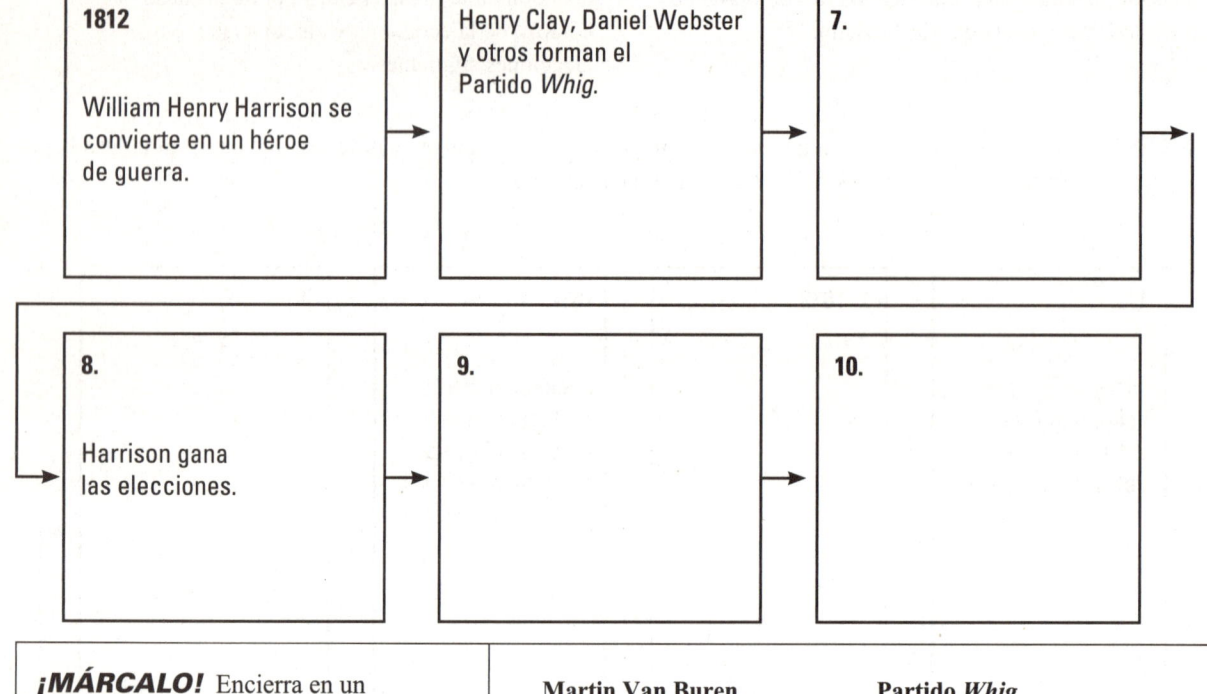

| 1812 — William Henry Harrison se convierte en un héroe de guerra. | → | Henry Clay, Daniel Webster y otros forman el Partido *Whig*. | → | 7. |

| 8. Harrison gana las elecciones. | → | 9. | → | 10. |

¡MÁRCALO! Encierra en un círculo cada término donde aparezca en tus notas y asegúrate de entender su significado. Si un término no aparece, escríbelo fuera del recuadro donde *mejor* corresponda.

- Martin Van Buren
- Pánico de 1837
- depresión
- Partido *Whig*
- William Henry Harrison
- John Tyler

DESARROLLAR DESTREZAS

Cita de fuente primaria

"Todas las comunidades tienden a pretender demasiado del gobierno. Incluso en nuestro país, donde sus poderes y deberes están tan estrictamente limitados, tendemos a hacer eso, especialmente en tiempos de repentina zozobra y aflicción. Pero no debería ser así [...] [Los creadores de la Constitución] sabiamente juzgaron que cuanto menos interfiera el gobierno con los asuntos privados, mejor sería para la prosperidad general".

—Martin Van Buren, de una carta al Congreso fechada el 5 de septiembre de 1837

¡Márcalo!

11. **Subraya** los momentos en que Van Buren afirma que es probable que la gente recurra a su gobierno en busca de ayuda.

12. **Encierra en un círculo** la palabra que utiliza Van Buren para describir la interacción del gobierno con la gente.

13. ¿Qué acontecimiento estaba viviendo la nación en la época en que Van Buren escribió esta carta al Congreso?

_____

_____

Historia de los Estados Unidos
Capítulo 12, La era de Jackson

Guía de estudio para la lectura

Nombre _____ Fecha _____

SECCIÓN 1 | **Caminos al Oeste**
Para usar con las páginas 418 a 423

- **Antes aprendiste** El Presidente Jefferson trasladó hacia el oeste la frontera de los Estados Unidos con la compra del Territorio de Luisiana en 1803.

- **Ahora aprenderás** Miles de aventureros y pioneros siguieron los caminos al Oeste para poblar la tierra y hacer fortuna.

AL LEER Halla las ideas principales de los acontecimientos presentados en esta sección. Usa el diagrama de ideas principales en ambas páginas de esta hoja de trabajo.

CAPÍTULO 13

- Los hombres de las montañas que atrapaban animales y luego comerciaban sus pieles abrieron caminos en el Oeste.

- 1.

Los primeros pioneros

- 2.

- 3.

Guía de estudio para la lectura

Historia de los Estados Unidos
Capítulo 13, Destino manifiesto

Nombre _____ Fecha _____

CAPÍTULO 13

SECCIÓN 1: CAMINOS AL OESTE, *CONTINUACIÓN*

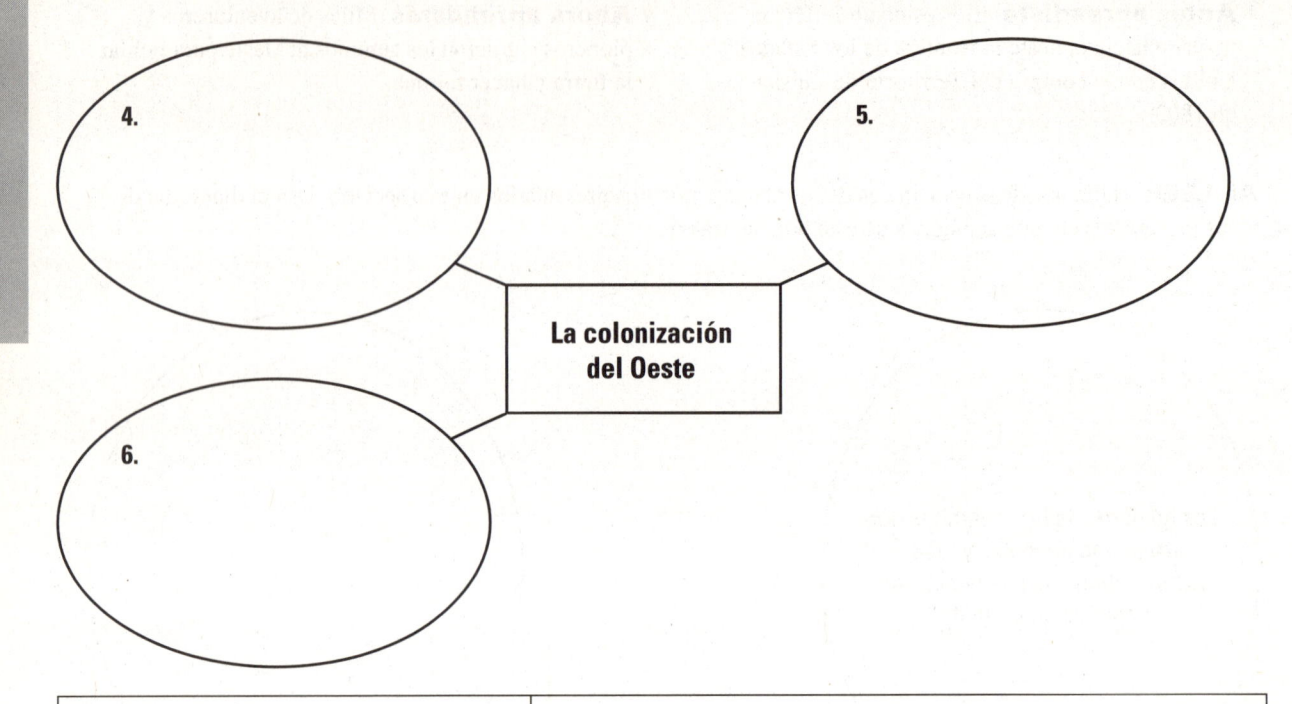

- 4.
- 5.
- 6.

La colonización del Oeste

| ¡MÁRCALO! Encierra en un círculo cada término cuando aparezca en tus notas y asegúrate de entender su significado. Si un término no aparece, dibuja un círculo y escribe el término donde *mejor* corresponda. | Jedediah Smith
hombres de las montañas
Jim Beckwourth
Ruta de Santa Fe | Ruta de Oregón
mormón
Brigham Young |

DESARROLLAR DESTREZAS

Cita de fuente primaria

"El polvo era más y más profundo[...]A menudo cubría el camino completamente con una profundidad de seis pulgadas y era tan fino que si una persona se abría camino a través de él, apenas si dejaba una huella. Y cuando se levantaba, ¡qué nubes! No hay palabras que puedan describirlo".

— Ezra Meeker, pionero

¡Márcalo!

7. En la cita de fuente primaria, **subraya** cuán profundo era el polvo.

8. **Encierra en un círculo** las palabras que señalan qué sucedía cuando alguien caminaba a través del polvo.

9. ¿Por qué crees que el polvo era tan profundo a lo largo de las rutas?

_____
_____
_____
_____

Historia de los Estados Unidos
Capítulo 13, Destino manifiesto

Guía de estudio para la lectura

Nombre _____ Fecha _____

SECCIÓN 2 | **La Revolución de Texas**

- **Antes aprendiste** Miles de aventureros y pioneros siguieron los caminos al Oeste para poblar la tierra y hacer fortuna.
- **Ahora aprenderás** Los conflictos entre los colonos y las personas de ascendencia mexicana causaron que Texas se sublevara y se independizara de México en 1836.

AL LEER Halla las ideas principales de los acontecimientos presentados en esta sección. Usa el diagrama de ideas principales en ambas páginas de esta hoja de trabajo.

Cambios en Texas

- **1821** El gobierno español ofrece parcelas inmensas de tierra a los empresarios; los colonos no responden.
- **1. 1821** México logra su independencia.
- **3. 1829**
- **1821** El gobierno español acuerda permitirle a Moses Austin comenzar una colonia en Texas, bajo la condición de que los estadounidenses respeten las leyes españolas.
- **2. 1827**
- **4. 1830**

Guía de estudio para la lectura

Historia de los Estados Unidos
Capítulo 13, Destino manifiesto   **93**

Nombre _____ Fecha _____

SECCIÓN 2: LA REVOLUCIÓN DE TEXAS, *CONTINUACIÓN*

CAPÍTULO 13

Los texanos se rebelan contra México

1833 Stephen Austin viaja a la Ciudad de México con una lista de reformas para presentar ante el gobierno mexicano; Austin es encarcelado.	**6. Febrero de 1836**	**7. Abril de 1836**

5. Octubre de 1835	**Marzo de 1836** Los texanos se reúnen y deciden luchar por su independencia de México.	**8. Diciembre de 1836**

¡**MÁRCALO!** Encierra en un círculo cada término donde aparezca en tus notas y asegúrate de entender su significado. Si un término no aparece, escríbelo en el recuadro donde *mejor* corresponda.	Stephen Austin Antonio López de Santa Anna Sam Houston	República de la Estrella Solitaria batalla de El Álamo

DESARROLLAR DESTREZAS

¡Márcalo!

9. En el mapa, **dibuja círculos** alrededor de las batallas ganadas por México.

10. **Dibuja** rectángulos alrededor de las batallas ganadas por Texas.

11. ¿Qué dos ríos encierran el área que fue reclamada tanto por México como por Texas? **Trázalos** en el mapa.

_____
_____

El mapa muestra las rutas de las tropas y los campos de batalla de la Revolución de Texas de 1836.

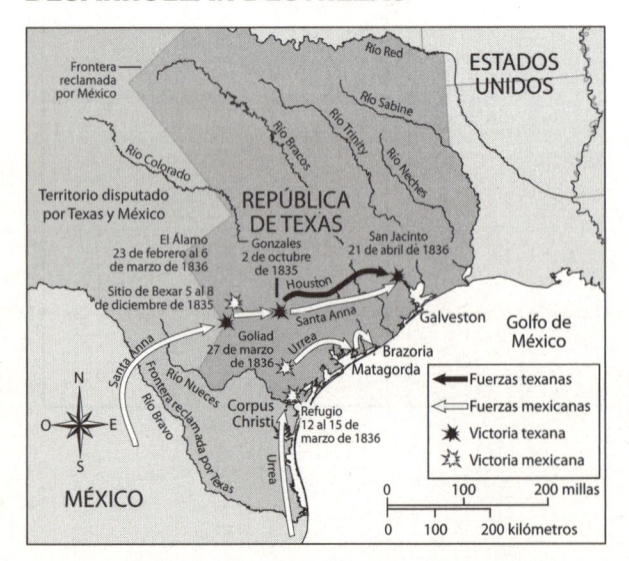

Historia de los Estados Unidos
Capítulo 13, Destino manifiesto

Guía de estudio para la lectura

Nombre _____ Fecha _____

SECCIÓN 3 | La Guerra con México

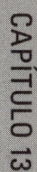

- **Antes aprendiste** Los conflictos entre los colonos y las personas de ascendencia mexicana llevaron a los texanos a rebelarse y obtener su independencia de México en 1836.

- **Ahora aprenderás** La victoria en una guerra con México les permitió a los estadounidenses expandir la nación a lo ancho del continente.

AL LEER Toma notas que enumeren los acontecimientos presentados en esta sección en el orden en que ocurrieron. Usa el diagrama de secuencia en ambas páginas de esta hoja de trabajo.

CAPÍTULO 13

Los estadounidenses apoyan el destino manifiesto

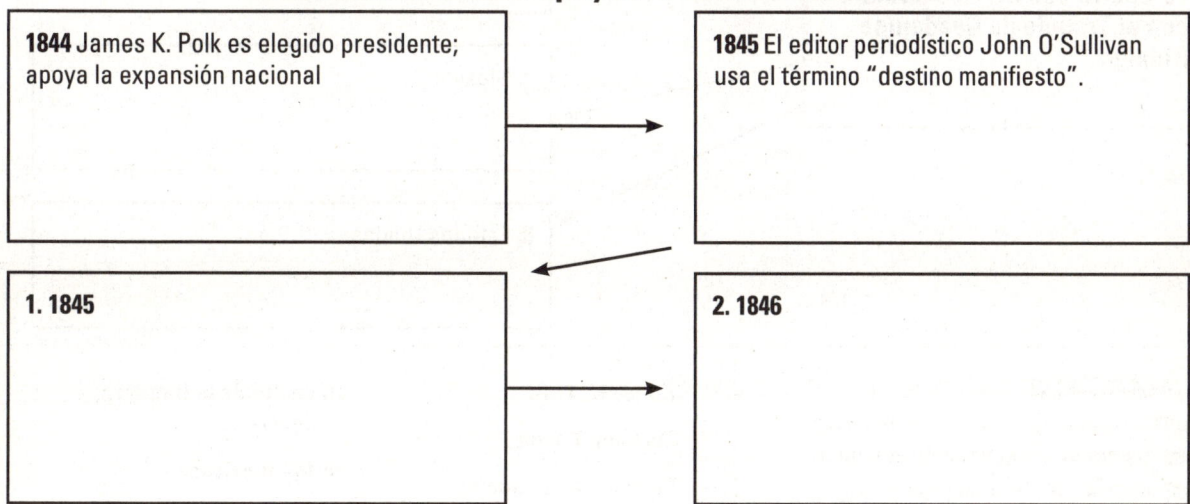

| **1844** James K. Polk es elegido presidente; apoya la expansión nacional | → | **1845** El editor periodístico John O'Sullivan usa el término "destino manifiesto". |
| **1. 1845** | ← | **2. 1846** |

La Guerra con México

| **3. 25 de abril de 1846** | → | **4. Mayo de 1846** |
| **1846** California se separa de México en la Revuelta de la Bandera del Oso. | ← | **5. Septiembre de 1847** |

Guía de estudio para la lectura

Historia de los Estados Unidos
Capítulo 13, Destino manifiesto

Nombre _____ **Fecha** _____

CAPÍTULO 13

SECCIÓN 3: LA GUERRA CON MÉXICO, *CONTINUACIÓN*

CAUSA

La Guerra con México termina con el Tratado de Guadalupe Hidalgo

EFECTO

México: reconoce a Texas como parte de los Estados Unidos

6. México:

7. México:

8. Estados Unidos:

¡MÁRCALO! Encierra en un círculo cada término donde aparezca en tus notas y asegúrate de entender su significado. Si un término no aparece, escríbelo en el recuadro donde *mejor* corresponda.

- James K. Polk
- Zachary Taylor
- Tratado de Guadalupe Hidalgo
- Revuelta de la Bandera del Oso
- cesión mexicana

DESARROLLAR DESTREZAS

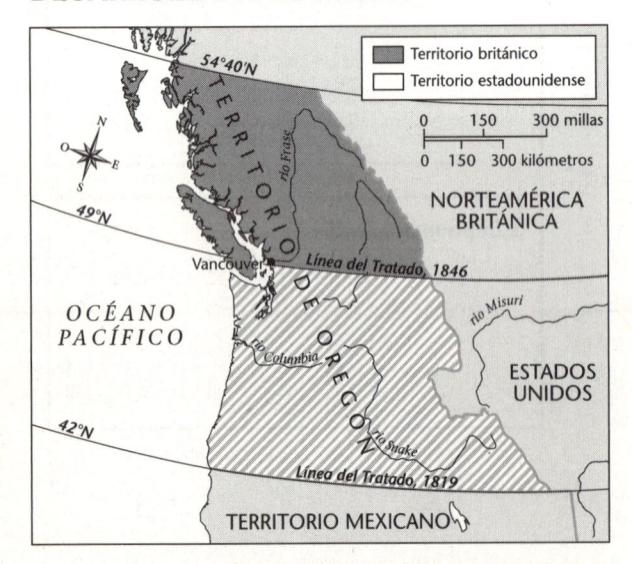

[Mapa del Territorio de Oregón mostrando: Territorio británico, Territorio estadounidense, 54°40'N, NORTEAMÉRICA BRITÁNICA, Vancouver, Línea del Tratado, 1846, 49°N, OCÉANO PACÍFICO, río Fraser, río Misuri, Columbia, ESTADOS UNIDOS, 42°N, río Snake, Línea del Tratado, 1819, TERRITORIO MEXICANO]

El mapa muestra las fronteras del Territorio de Oregón tal como se acordaron en los tratados.

¡Márcalo!

9. **Traza** la línea del paralelo 49 en el mapa. ¿Por qué fue importante esta línea?

_____
_____

10. ¿Qué dos países poseían territorio a ambos lados del Territorio de Oregón? **Encierra en un círculo sus territorios.**

_____
_____

11. ¿De qué manera el asentamiento estadounidense en el Territorio de Oregón ayudó a cumplir con el destino manifiesto de los Estados Unidos?

_____
_____

Historia de los Estados Unidos
Capítulo 13, Destino manifiesto

Guía de estudio para la lectura

96

Nombre _____ Fecha _____

SECCIÓN 4 | **La fiebre del oro en California**

- **Antes aprendiste** La victoria en una Guerra con México permitió a los estadounidenses expandir el país a lo ancho del continente.

- **Ahora aprenderás** En 1848, el descubrimiento de oro en California produjo un aumento de la población y esto permitió que California alcanzara la categoría de estado.

CAPÍTULO 13

AL LEER Toma notas que enumeren las causas y los efectos de los acontecimientos presentados en esta sección. Usa el diagrama de causa y efecto en ambas páginas de esta hoja de trabajo.

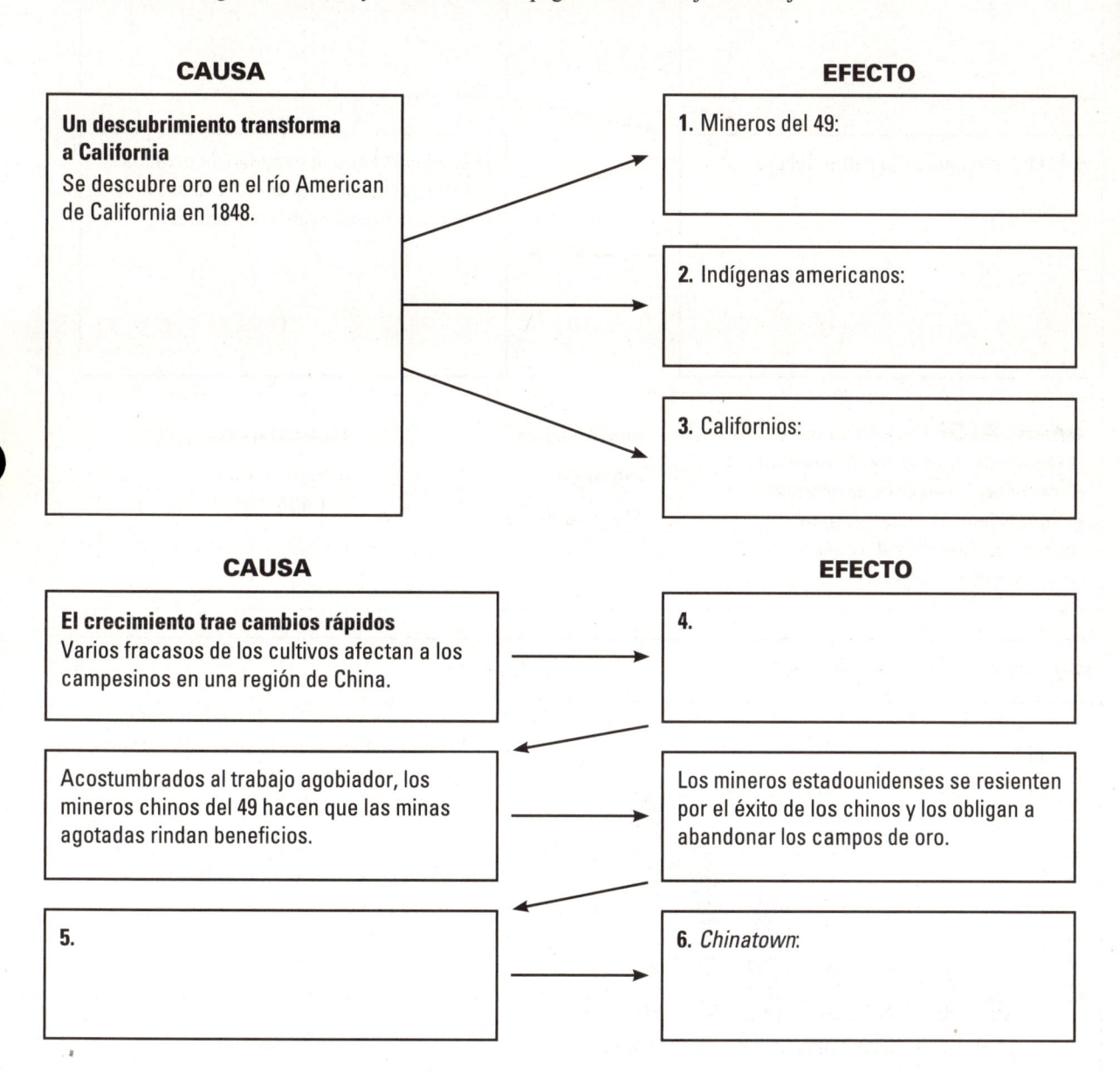

CAUSA

Un descubrimiento transforma a California
Se descubre oro en el río American de California en 1848.

EFECTO

1. Mineros del 49:

2. Indígenas americanos:

3. Californios:

CAUSA

El crecimiento trae cambios rápidos
Varios fracasos de los cultivos afectan a los campesinos en una región de China.

Acostumbrados al trabajo agobiador, los mineros chinos del 49 hacen que las minas agotadas rindan beneficios.

5.

EFECTO

4.

Los mineros estadounidenses se resienten por el éxito de los chinos y los obligan a abandonar los campos de oro.

6. *Chinatown*:

Guía de estudio para la lectura

Historia de los Estados Unidos
Capítulo 13, Destino manifiesto

Nombre _____ **Fecha** _____

SECCIÓN 4: LA FIEBRE DEL ORO EN CALIFORNIA, *CONTINUACIÓN*

CAPÍTULO 13

CAUSA

| La fiebre del oro en California atrae a miles de personas. |

→

EFECTO

7. Población:

←

8. El impacto final de la fiebre del oro

→

El equilibrio entre la cantidad de estados libres y esclavistas se altera. Los sureños temen que la esclavitud sea abolida.

¡MÁRCALO! Encierra en un círculo cada término donde aparezca en tus notas y asegúrate de entender su significado. Si un término no aparece, escríbelo en el recuadro donde *mejor* corresponda.

minero del 49

californios

Mariano Vallejo

James Marshall

fiebre del oro en California

DESARROLLAR DESTREZAS

[Gráfica de barras: Millones de habitantes vs años 1800–1860, comparando Estados Unidos y Oeste de los Apalaches]

Estados Unidos — Oeste de los Apalaches
* sin datos disponibles

La gráfica de barras muestra la población de los Estados Unidos comparada con la población al oeste de los montes Apalaches.

¡Márcalo!

9. **Relee** tus notas sobre "Un descubrimiento transforma a California". **Subraya** los grupos que vivían en California antes de que llegaran los mineros del 49.

10. De acuerdo con la gráfica, ¿de qué manera el descubrimiento de oro en California en 1848 afectó a la población del oeste de los montes Apalaches?

_____
_____
_____

Historia de los Estados Unidos
Capítulo 13, Destino manifiesto

Guía de estudio para la lectura

Nombre _____ Fecha _____

SECCIÓN 1 | **Las esperanzas de los inmigrantes**
Para usar con las páginas 450 a 455

- **Antes aprendiste** En la época colonial, las oleadas de inmigrantes ayudaron a crear una sociedad distinta en América.

- **Ahora aprenderás** A mediados del siglo XIX, millones de europeos llegaron a los Estados Unidos con la esperanza de construir una vida mejor.

CAPÍTULO 14

AL LEER Toma notas para enumerar las ideas principales y los detalles de los acontecimientos presentados en esta sección. Usa el diagrama de ideas principales y detalles en ambas páginas de esta hoja de trabajo.

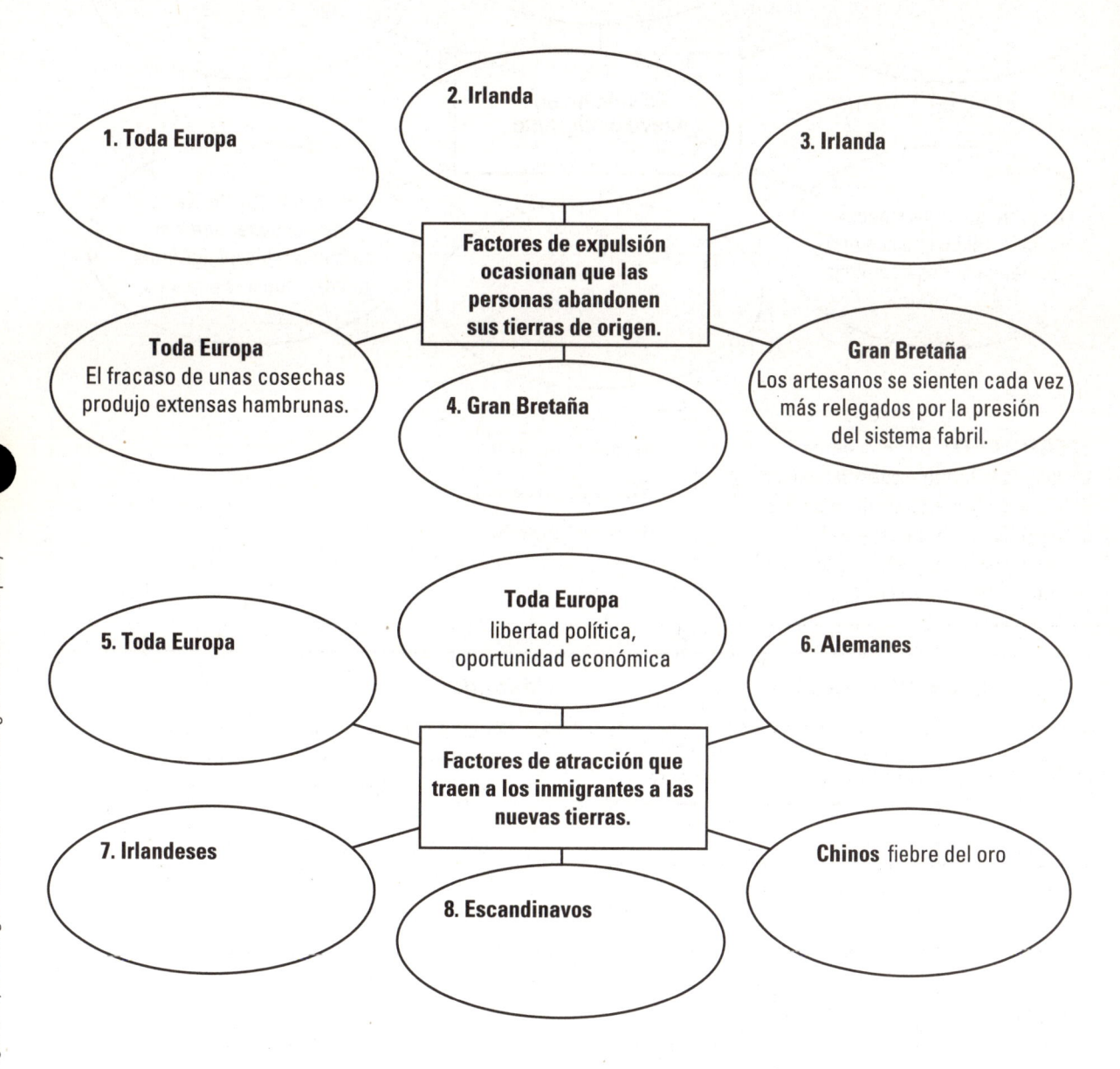

- **1. Toda Europa**
- **2. Irlanda**
- **3. Irlanda**

Factores de expulsión ocasionan que las personas abandonen sus tierras de origen.

- **Toda Europa** El fracaso de unas cosechas produjo extensas hambrunas.
- **4. Gran Bretaña**
- **Gran Bretaña** Los artesanos se sienten cada vez más relegados por la presión del sistema fabril.

- **5. Toda Europa**
- **Toda Europa** libertad política, oportunidad económica
- **6. Alemanes**

Factores de atracción que traen a los inmigrantes a las nuevas tierras.

- **7. Irlandeses**
- **8. Escandinavos**
- **Chinos** fiebre del oro

Guía de estudio para la lectura

Historia de los Estados Unidos
Capítulo 14, Un nuevo espíritu de cambio   **99**

SECCIÓN 1: LAS ESPERANZAS DE LOS INMIGRANTES, *CONTINUACIÓN*

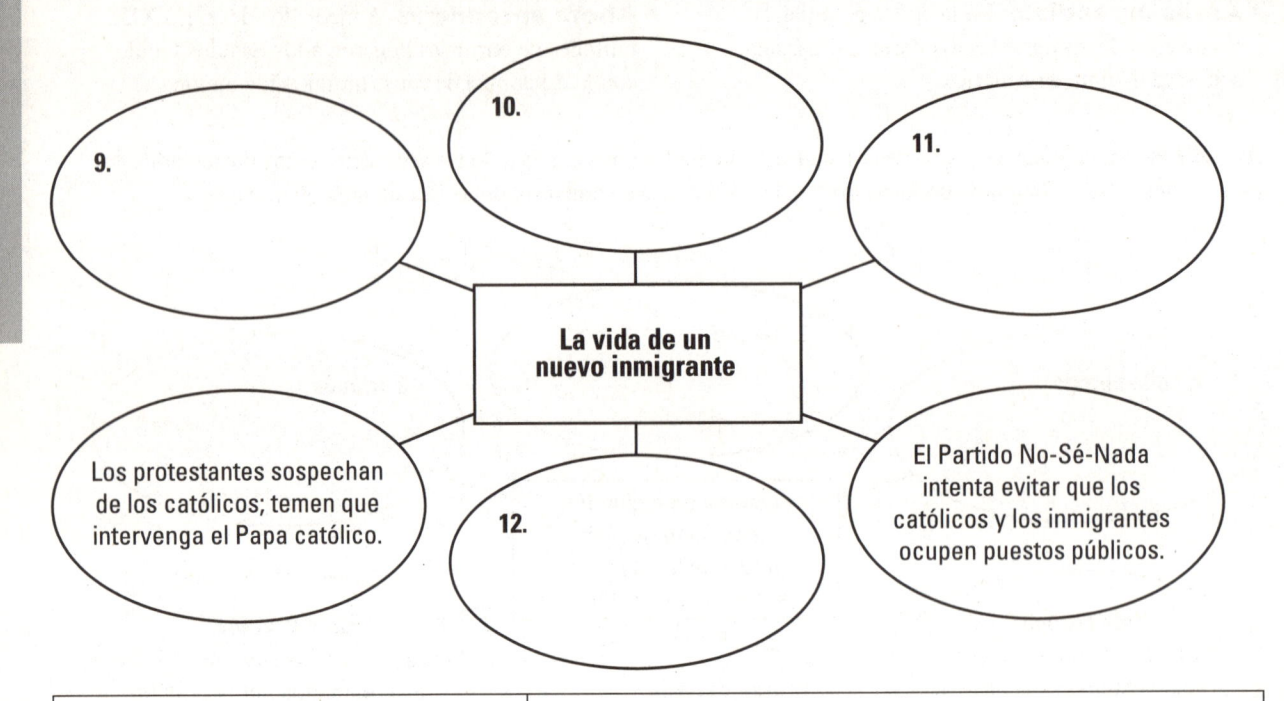

- 9.
- 10.
- 11.
- **La vida de un nuevo inmigrante**
- Los protestantes sospechan de los católicos; temen que intervenga el Papa católico.
- 12.
- El Partido No-Sé-Nada intenta evitar que los católicos y los inmigrantes ocupen puestos públicos.

¡MÁRCALO! Encierra en un círculo cada término cuando aparezca en tus notas y asegúrate de entender su significado. Si un término no aparece, añade un círculo y escribe el término donde *mejor* corresponda.	factor de expulsión factor de atracción Partido No-Sé-Nada

DESARROLLAR DESTREZAS

Estado	Nacidos en el extranjero	% del total de la población
N.Y.	998,640	26%
PENS.	430,505	15%
OHIO	328,254	14%
ILLINOIS	324,643	19%
WISC.	276,927	36%
MASS.	260,114	21%

La tabla muestra la población nacida en el extranjero que tenían los estados en 1860.

¡Márcalo!

13. Observa la tabla "Población nacida en el extranjero, *1860*." **Encierra en un círculo** el nombre del estado donde los inmigrantes constituían el mayor porcentaje de la población. ¿Cuántos inmigrantes se establecieron allí?

_____

14. ¿Por qué crees que tantos inmigrantes se establecieron en Nueva York?

_____
_____
_____
_____

Historia de los Estados Unidos
Capítulo 14, Un nuevo espíritu de cambio

Guía de estudio para la lectura

Nombre _____ Fecha _____

SECCIÓN 2

Reforma de la sociedad estadounidense
Para usar con las páginas 456 a 461

CAPÍTULO 14

- **Antes aprendiste** A mediados del siglo XIX, millones de europeos vinieron a los Estados Unidos con la esperanza de construir una vida mejor.

- **Ahora aprenderás** Un resurgimiento religioso en el siglo XIX inició movimientos para reformar la educación y la sociedad.

AL LEER Toma notas que enumeren los problemas y las soluciones presentados en esta sección. Usa la tabla de problemas y soluciones en ambas páginas de esta hoja de trabajo.

Un espíritu reformista

Problema: Beber en exceso es común a principios del siglo XIX.	**1. Solución:**

Derechos laborales

Problema: condiciones insalubres en las fábricas, prácticas administrativas injustas, jornada laboral para obreros de 12 a 14 horas, seis días por semana	**2. Solución:**

Reforma social

3. Problema:	**Solución:** Horace Mann promueve la educación pública; muchos estados norteños inauguran escuelas primarias públicas.
Problema: A las mujeres no se les permite asistir a la universidad.	**4. Solución:**

Guía de estudio para la lectura

Historia de los Estados Unidos
Capítulo 14, Un nuevo espíritu de cambio **101**

Nombre _____ **Fecha** _____

SECCIÓN 2: REFORMA DE LA SOCIEDAD ESTADOUNIDENSE, *CONTINUACIÓN*

Ayuda para los necesitados

| **Problema:** Algunos enfermos mentales son encarcelados. | → | **5. Solución:** |

| **Problema:** No había escuelas para sordos. | → | **6. Solución:** |

| **7. Problema:** | → | **Solución:** Samuel G. Howe inaugura una escuela para ciegos. |

¡MÁRCALO! Encierra en un círculo cada término cuando aparezca en tus notas y asegúrate de entender su significado. Si un término no aparece, agrega un recuadro y escribe el término donde *mejor* corresponda.

- Segundo Gran Despertar
- movimiento de la moderación
- Shaker
- Horace Mann
- Dorothea Dix

DESARROLLAR DESTREZAS

Cita de fuente primaria

"Yo […] comencé en primer lugar, diciendo, […] 'No me importa qué decidan ustedes, yo voy a renunciar, lo haga alguien más o no', y caminé hacia afuera y las demás me siguieron. Cuando miré hacia atrás y vi la larga fila que me seguía, me sentí más orgullosa que nunca".

—Harriet Hanson, citada en *A People's History of the United States* (La historia de la gente de los Estados Unidos), de Howard Zinn

¡Márcalo!

8. De acuerdo con la cita, ¿qué decidió hacer Hanson acerca de las condiciones laborales insalubres de la hilandería donde trabajaban ella y muchas otras mujeres? **Subraya** tu respuesta en la cita.

9. ¿Por qué crees que esta experiencia hizo que Hanson se sintiera tan orgullosa?

_____
_____
_____
_____

Nombre _____ Fecha _____

SECCIÓN 3 | **La abolición y los derechos de las mujeres**
Para usar con las páginas 464 a 471

- **Antes aprendiste** Un resurgimiento religioso en el siglo XIX inició movimientos para reformar la educación y la sociedad.
- **Ahora aprenderás** Las campañas sociales para obtener la libertad de las personas esclavizadas y la igualdad para las mujeres estuvieron estrechamente vinculadas.

CAPÍTULO 14

AL LEER Toma notas que enumeren las causas y los efectos de los acontecimientos presentados en esta sección. Usa el diagrama de causas y efectos en ambas páginas de esta hoja de trabajo.

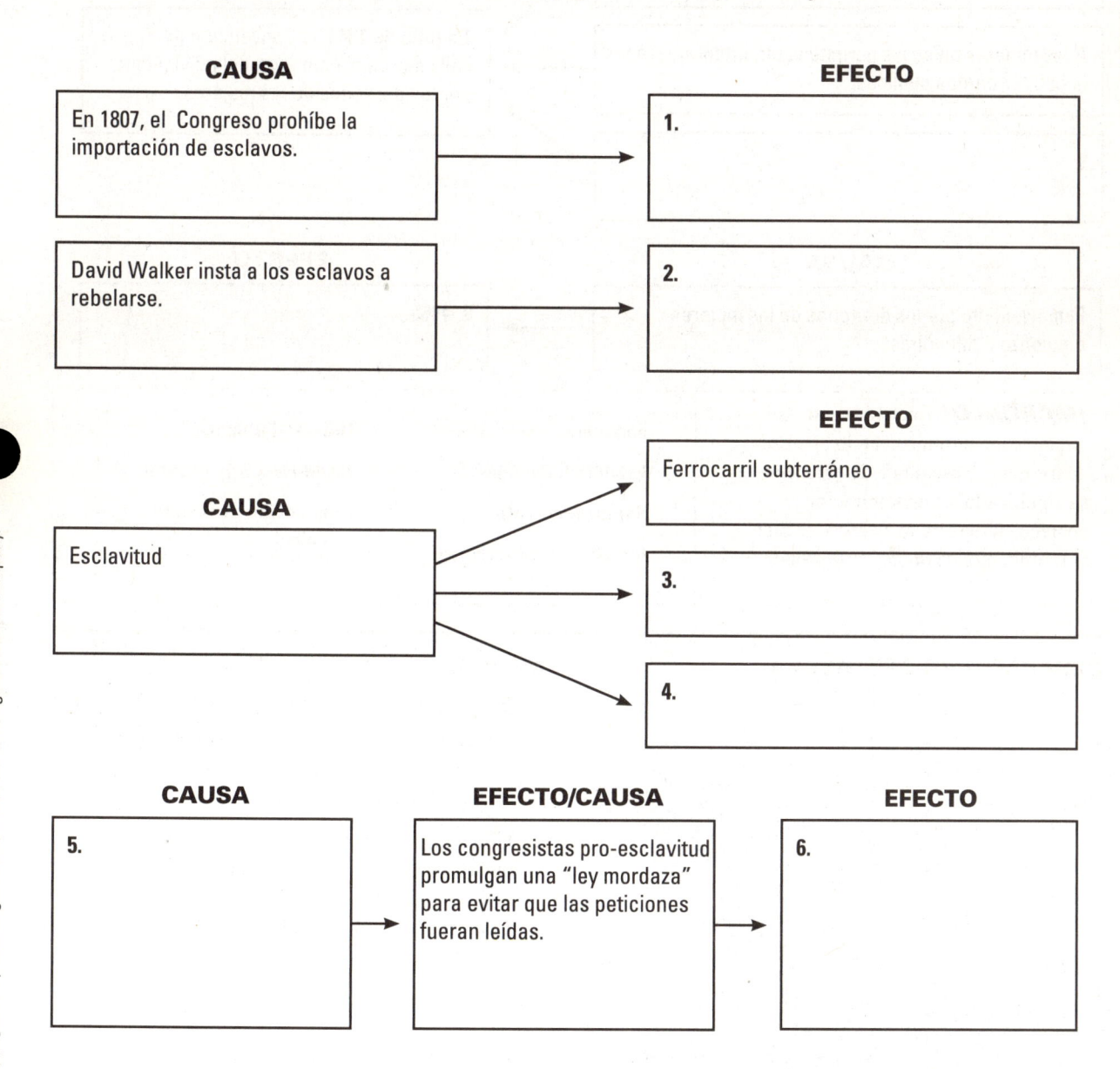

CAUSA	EFECTO
En 1807, el Congreso prohíbe la importación de esclavos.	1.
David Walker insta a los esclavos a rebelarse.	2.

CAUSA	EFECTO
Esclavitud	Ferrocarril subterráneo
	3.
	4.

CAUSA	EFECTO/CAUSA	EFECTO
5.	Los congresistas pro-esclavitud promulgan una "ley mordaza" para evitar que las peticiones fueran leídas.	6.

Guía de estudio para la lectura

Historia de los Estados Unidos
Capítulo 14, Un nuevo espíritu de cambio

Nombre _____ Fecha _____

SECCIÓN 3: LA ABOLICIÓN Y LOS DERECHOS DE LAS MUJERES, *CONTINUACIÓN*

La lucha por los derechos de las mujeres

CAUSAS

7.

A las mujeres no se les permite votar, integrar jurados ni ocupar cargos públicos.

8.

EFECTO

En julio de 1848, la Convención de Seneca Falls marca el comienzo del movimiento por los derechos de las mujeres.

CAUSA

El movimiento por los derechos de las mujeres comienza a difundirse.

EFECTO

9. 1865

¡MÁRCALO! Encierra en un círculo cada término cuando aparezca en tus notas y asegúrate de entender su significado. Si un término no aparece, agrega un recuadro y escribe el término donde *mejor* corresponda.

- abolición
- Frederick Douglass
- Sojourner Truth
- ferrocarril subterráneo
- Harriet Tubman
- Elizabeth Cady Stanton
- Convención de Seneca Falls

DESARROLLAR DESTREZAS

¡Márcalo!

10. **Relee** tus notas sobre el "Ferrocarril subterráneo". En el mapa, **subraya** el nombre del país al que la mayoría de los esclavos fugitivos estaban tratando de llegar.

11. **Ubica** las ciudades de los Estados Unidos que ofrecían una ruta fluvial o marítima hacia el destino que subrayaste en la pregunta 10. **Enciérralas en un círculo** en el mapa.

El mapa muestra las rutas que tomaban los esclavos fugitivos en el ferrocarril subterráneo.

Historia de los Estados Unidos
Capítulo 14, Un nuevo espíritu de cambio

Guía de estudio para la lectura

Nombre _____ Fecha _____

SECCIÓN 1 | Aumenta la tensión entre el Norte y el Sur
Para usar con las páginas 480 a 487

- **Antes aprendiste** El Norte y el Sur trataron de hacer concesiones en sus desacuerdos acerca de la esclavitud.

- **Ahora aprenderás** El creciente enojo por el tema de la esclavitud aumentó las tensiones entre el Norte y el Sur y condujo a la violencia.

AL LEER Toma notas para comparar y contrastar los acontecimientos presentados en esta sección. Usa la tabla de comparar y contrastar en ambas páginas de esta hoja de trabajo.

El Norte y el Sur siguen caminos diferentes

Norte: Economía	Norte: Perspectiva sobre la esclavitud	Sur: Economía	Sur: Perspectiva sobre la esclavitud
1.	2.	3.	4.

Esclavitud y expansión territorial

Provisión de Wilmot	Concesión de 1850
Norte: respalda una ley para impedir que los esclavistas del Sur extiendan la esclavitud a los nuevos territorios, lo que alteraría el balance entre los estados libres y aquellos que aceptan la esclavitud; la ley es aprobada por la Cámara de Representantes.	5. **Norte:**
6. **Sur:**	7. **Sur:**

Guía de estudio para la lectura

Historia de los Estados Unidos
Capítulo 15, La nación se separa **105**

Nombre _____ Fecha _____

SECCIÓN 1: AUMENTA LA TENSIÓN ENTRE EL NORTE Y EL SUR, *CONTINUACIÓN*

CAPÍTULO 15

La crisis se agrava y se desata la violencia

Acta del Esclavo Fugitivo	Acta de Kansas y Nebraska
8.	9.

¡MÁRCALO! Encierra en un círculo cada término cuando aparezca en tus notas y asegúrate de entender su significado. Si un término no aparece, añade un círculo y escribe el término donde *mejor* corresponda.

- Partido del Suelo Libre
- Provisión de Wilmot
- Stephen A. Douglas
- Concesión de 1850
- Acta de los Esclavos Fugitivos
- La cabaña del tío Tom
- Harriet Beecher Stowe
- Acta de Kansas y Nebraska

DESARROLLAR DESTREZAS

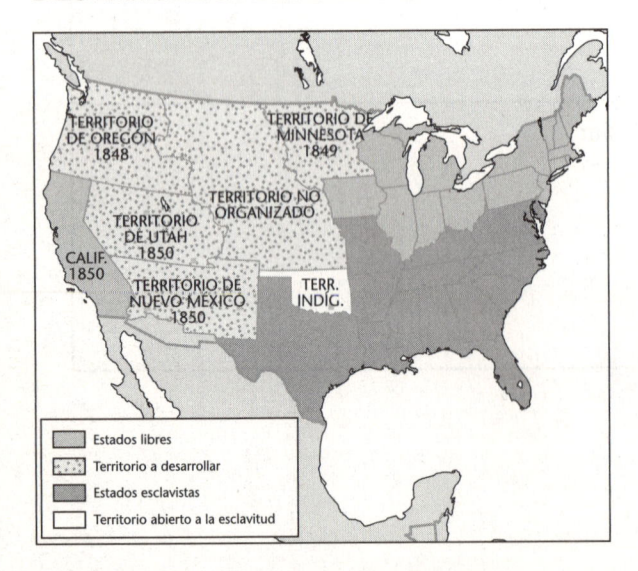

El mapa muestra los límites de los territorios estadounidenses antes de la aprobación del Acta de Kansas y Nebraska en 1854.

¡Márcalo!

11. **Relee** la sección llamada "Se desata la violencia". En tus notas, **subraya** el sistema que Douglas usó con el fin de ganar el apoyo sureño para el Acta de Kansas y Nebraska.

12. Estudia el mapa "Acta de Kansas y Nebraska, *1854*". **Dibuja** una "X" en el área que se convirtió en el territorio de Kansas luego de la promulgación del Acta de Kansas y Nebraska. **Rotula** los estados esclavistas que la rodean.

_____

_____

_____

Historia de los Estados Unidos
Capítulo 15, La nación se separa

Guía de estudio para la lectura

Nombre _____   Fecha _____

SECCIÓN 2 | **La esclavitud domina la política**

- **Antes aprendiste** El enfado en aumento con respecto a la esclavitud destruyó el acuerdo que existía entre el Norte y el Sur y condujo a la violencia.

- **Ahora aprenderás** La formación del Partido Republicano antiesclavista dividió aún más al país.

AL LEER Toma notas que enumeren las ideas principales y los detalles de los sucesos presentados en esta sección. Usa el diagrama de ideas principales en ambas páginas de esta hoja de trabajo.

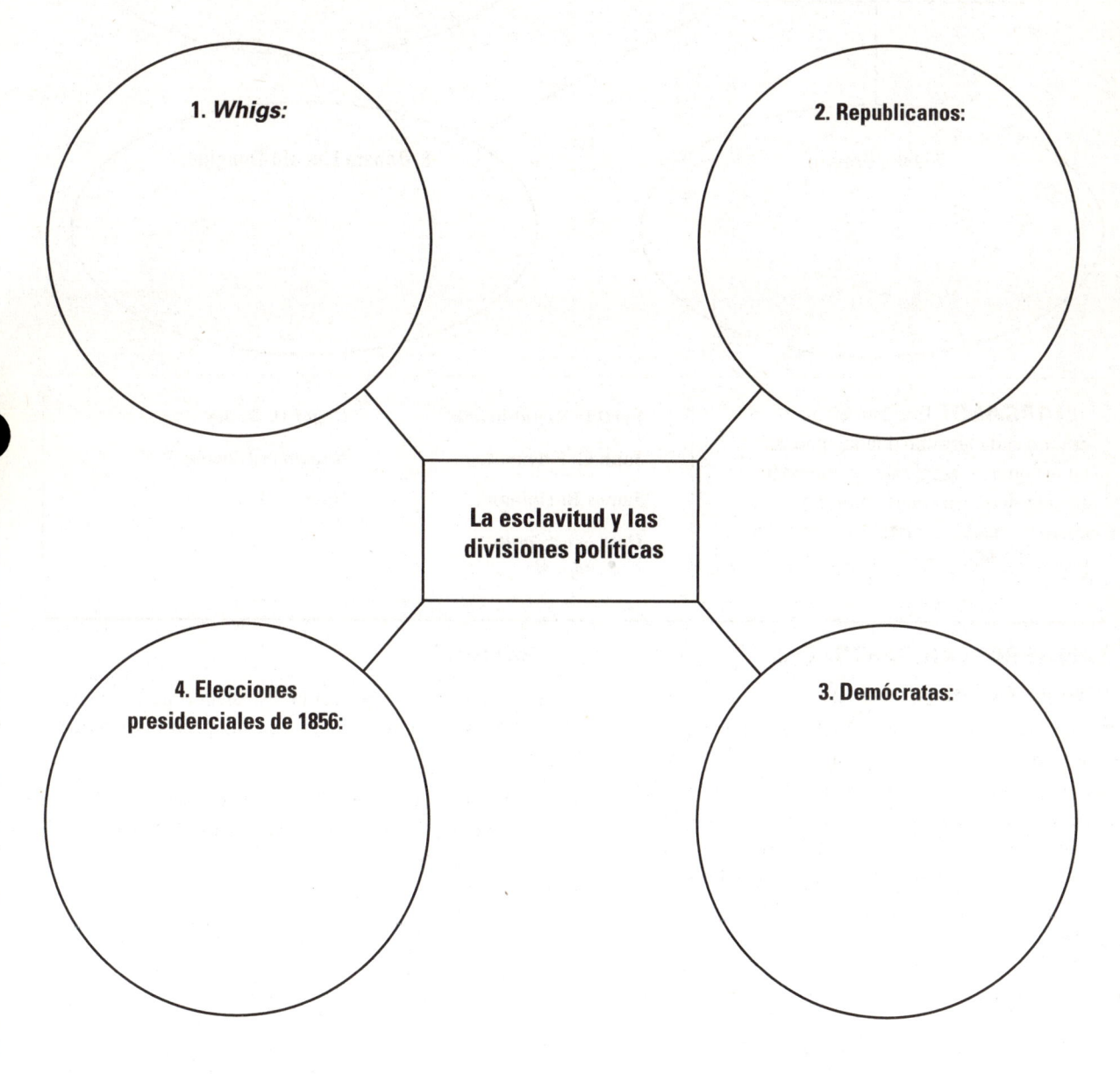

CAPÍTULO 15

1. *Whigs:*

2. Republicanos:

La esclavitud y las divisiones políticas

4. Elecciones presidenciales de 1856:

3. Demócratas:

Guía de estudio para la lectura

Historia de los Estados Unidos
Capítulo 15, La nación se separa **107**

Nombre _____ **Fecha** _____

SECCIÓN 2: LA ESCLAVITUD DOMINA LA POLÍTICA, *CONTINUACIÓN*

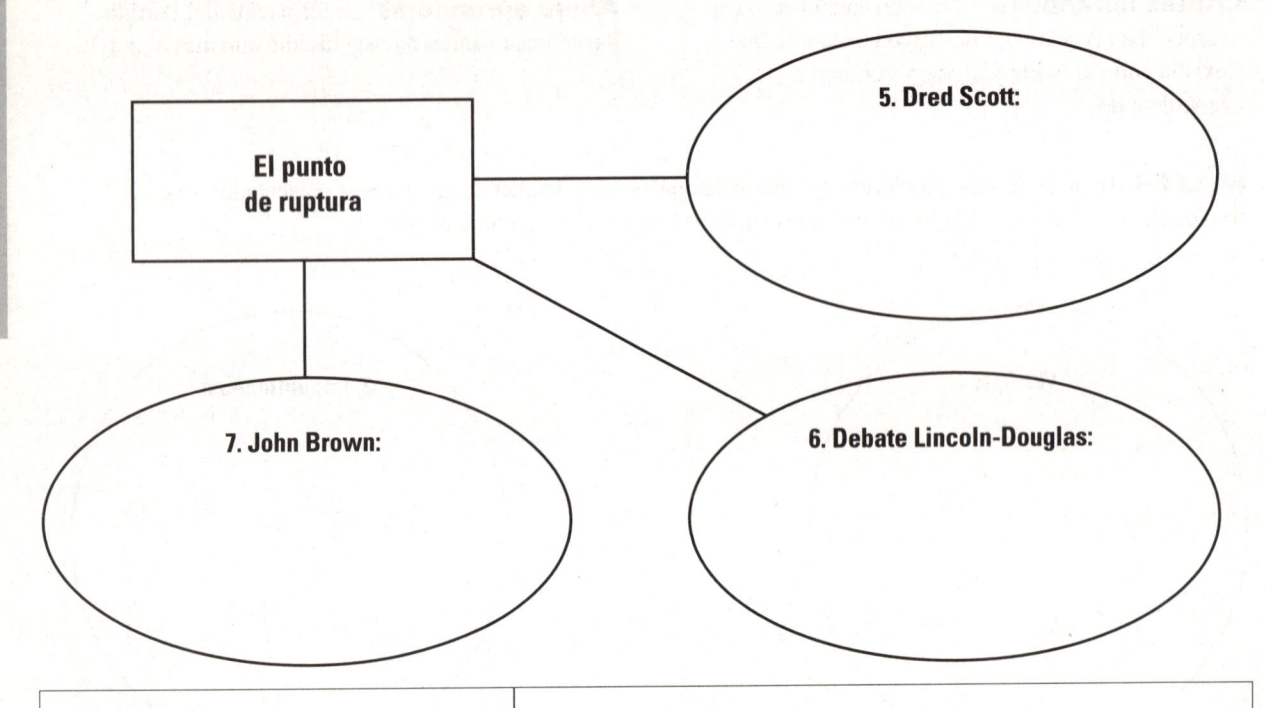

```
        ┌─────────────┐                    ╭─────────────╮
        │ El punto    │───────────────────(  5. Dred Scott: )
        │ de ruptura  │                    ╰─────────────╯
        └──────┬──────┘
               │
       ╭───────┴─────╮         ╭──────────────────╮
      ( 7. John Brown: )      ( 6. Debate Lincoln-Douglas: )
       ╰─────────────╯         ╰──────────────────╯
```

¡MÁRCALO! Encierra en un círculo cada término donde aparezca en tus notas y asegúrate de entender su significado. Si un término no aparece, añade un círculo y escribe el término donde *mejor* corresponda.	Partido Republicano John C. Frémont James Buchanan *Dred Scott contra Sandford*	Roger B. Taney Abraham Lincoln Harpers Ferry

---

DESARROLLAR DESTREZAS

Cita de fuente primaria

"'Una casa dividida contra sí misma no puede mantenerse en pie'. Creo que este gobierno no puede seguir, por siempre, mitad esclavista, mitad libre. No espero que la Unión se disuelva; no espero que la casa se caiga; pero sí espero que deje de estar dividida. Se convertirá por completo en una cosa, o en la otra".

—Abraham Lincoln, Springfield, Illinois, 16 de junio de 1858

¡Márcalo!

8. **Encierra en un círculo** las palabras de la cita de Abraham Lincoln que explican qué asunto dividía al país.

9. **Subraya** la predicción de Lincoln acerca de la Unión. ¿Su predicción se hizo realidad? **Explica** tu respuesta.

_____

_____

_____

_____

Historia de los Estados Unidos
Capítulo 15, La nación se separa

Guía de estudio para la lectura

Nombre _____ Fecha _____

SECCIÓN 3 | La elección de Lincoln y la secesión del Sur

- **Antes aprendiste** La formación del Partido Republicano antiesclavista dividió aún más al país.

- **Ahora aprenderás** La elección de Abraham Lincoln como presidente en 1860 llevó a siete estados sureños a separarse de la Unión.

AL LEER Toma notas acerca de las categorías y los detalles de los sucesos presentados en esta sección. Usa el diagrama de categorizar en ambas páginas de esta hoja de trabajo.

La división del Partido Demócrata

Demócratas del Sur	Demócratas del Norte
1. Plataforma:	2. Plataforma:

Las elecciones de 1860

Demócratas del Norte	Demócratas del Sur	Republicanos	Unión Constitucional
John Breckinridge de Kentucky considera que el gobierno debería proteger la esclavitud en todos los territorios.	3.	4. **Resultado:** Abraham Lincoln gana las elecciones.	5.

Guía de estudio para la lectura

Historia de los Estados Unidos
Capítulo 15, La nación se separa **109**

SECCIÓN 3: LA ELECCIÓN DE LINCOLN Y LA SECESIÓN DEL SUR, *CONTINUACIÓN*

La secesión y el fracaso de las concesiones

Los estados del Sur se separan	La Concesión de Crittenden
Carolina del Sur 6. 7. 8. 9. 10. 11.	**Proponía que:** La esclavitud debería protegerse al sur de la línea establecida en la Concesión de Misuri. 12. El gobierno federal debería compensar a los dueños de esclavos fugitivos. 13. **Resultado:**

¡MÁRCALO! Encierra en un círculo cada término donde aparezca en tus notas y asegúrate de entender su significado. Si un término no aparece, escríbelo junto al recuadro donde *mejor* corresponda.

Estados Confederados de América

Jefferson Davis

Concesión de Crittenden

DESARROLLAR DESTREZAS

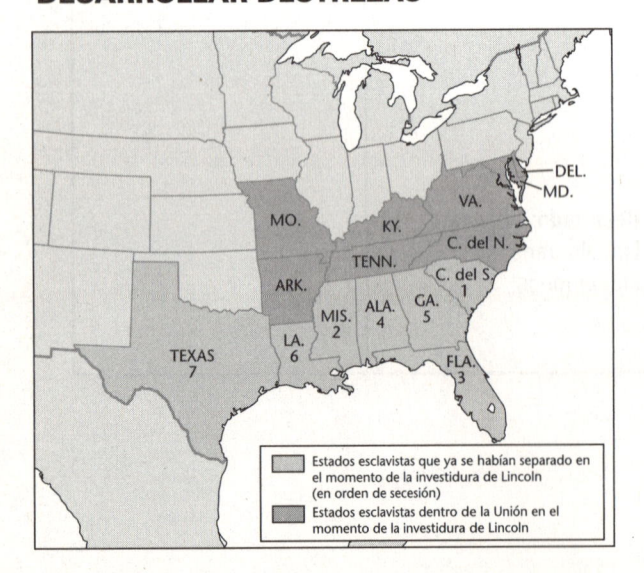

El mapa muestra qué estados se separaron de la Unión cerca del momento de la investidura de Lincoln.

¡Márcalo!

14. **Dibuja** una "X" sobre el último estado que se separó antes de la investidura de Lincoln.

15. **Dibuja** una estrella en el estado más al sur que no se había separado de la Unión al momento de la investidura de Lincoln. ¿Cuántos estados esclavistas estaban todavía en la Unión cuando Lincoln fue investido presidente?

_____

Historia de los Estados Unidos
Capítulo 15, La nación se separa

Guía de estudio para la lectura

Nombre _____ Fecha _____

SECCIÓN 1 | Estalla la guerra
Para usar con las páginas 510 a 515

- **Antes aprendiste** Los estados del Sur se separaron de la Unión después de la elección de Abraham Lincoln en 1860.

- **Ahora aprenderás** Después de que más estados sureños se unieran a la Confederación, los combates comenzaron en el territorio confederado.

AL LEER Toma notas acerca de los problemas y de las soluciones presentados en esta sección. Usa el diagrama de problemas y soluciones en ambas páginas de esta hoja de trabajo.

Primeros ataques al fuerte *Sumter*

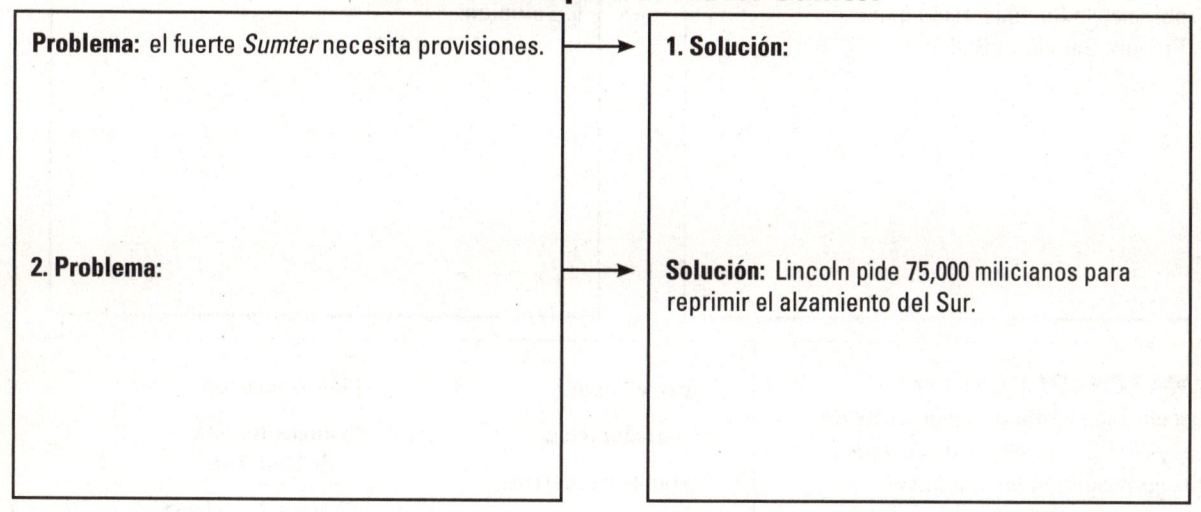

Problema: el fuerte *Sumter* necesita provisiones. → **1. Solución:**

2. Problema: → **Solución:** Lincoln pide 75,000 milicianos para reprimir el alzamiento del Sur.

Preparativos para la batalla

Problema del Sur: no llega ayuda militar de Gran Bretaña ni Francia. → **3. Solución:**

4. Problema del Norte: → **Solución:** el Plan Anaconda

CAPÍTULO 16

Guía de estudio para la lectura

Historia de los Estados Unidos
Capítulo 16, Comienza la Guerra Civil

Nombre _____ Fecha _____

CAPÍTULO 16

SECCIÓN 1: ESTALLA LA GUERRA, *CONTINUACIÓN*

Batalla de Bull Run

5. **Problema:**

Problema: la Confederación gana la Primera Batalla de Bull Run.

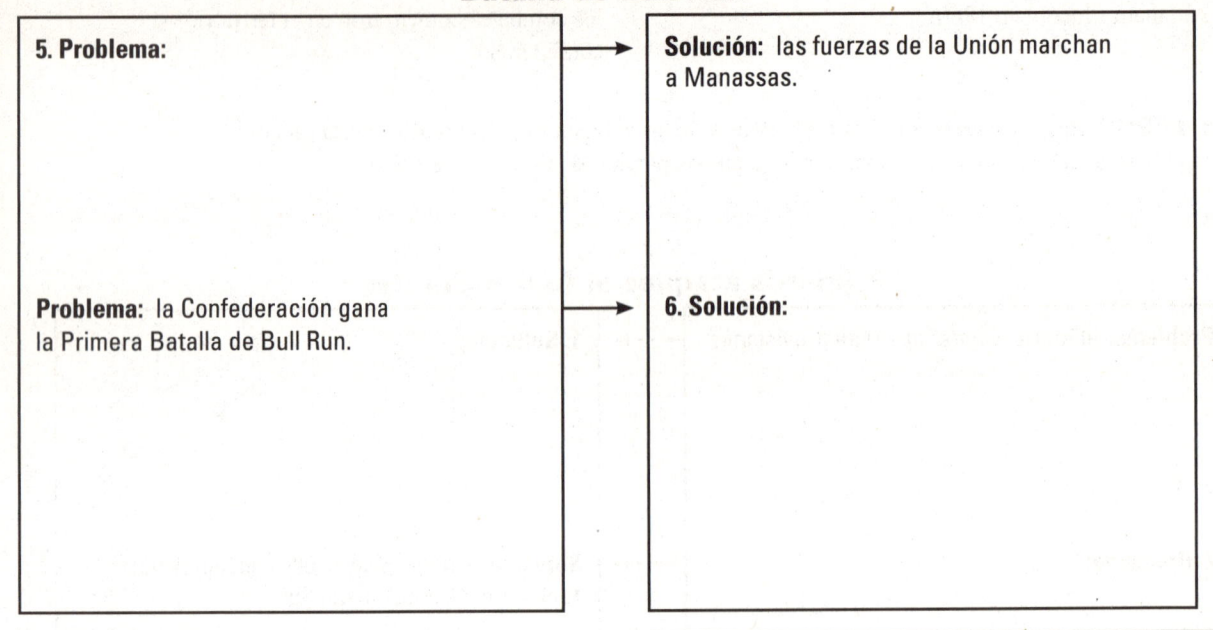

→ **Solución:** las fuerzas de la Unión marchan a Manassas.

→ 6. **Solución:**

| ¡MÁRCALO! Encierra en un círculo cada término cuando aparezca en tus notas y asegúrate de entender su significado. Si un término no aparece, escríbelo en el recuadro donde *mejor* corresponda. | fuerte *Sumter*
 Confederación <br> estados fronterizos
 Robert E. Lee | Plan Anaconda
 Primera Batalla de Bull Run
 Thomas J. Jackson |

DESARROLLAR DESTREZAS

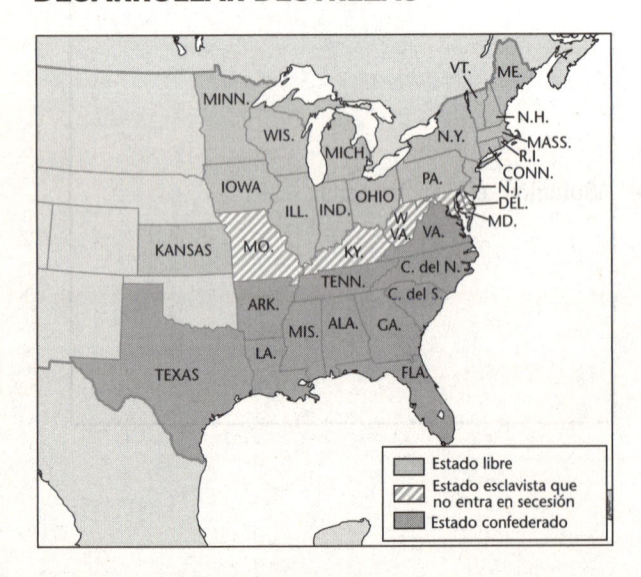

¡Márcalo!

7. En el mapa, **encierra en un círculo** los nombres de los primeros cuatro estados fronterizos que permanecieron en la Unión.

8. **Dibuja** una "X" en el estado que se dividió y se convirtió en dos estados separados. ¿Cuál entró a la Unión y cuál se unió a la Confederación?

_____
_____

9. ¿En qué área geográfica se enfocó el Plan Anaconda?

_____
_____

El mapa muestra qué estados pertenecían al Norte y cuáles al Sur en 1861.

Historia de los Estados Unidos
Capítulo 16, Comienza la Guerra Civil

Guía de estudio para la lectura

Nombre _____ Fecha _____

SECCIÓN 2 | La vida en el ejército

- **Antes aprendiste** La Guerra Civil comenzó en territorio Confederado.
- **Ahora aprenderás** La vida en el ejército y las nuevas tecnologías hicieron que millones de soldados sufrieran penurias insospechadas.

AL LEER Toma notas que enumeren las causas y los efectos de los sucesos presentados en esta sección. Usa el diagrama de causa y efecto en ambas páginas de esta hoja de trabajo.

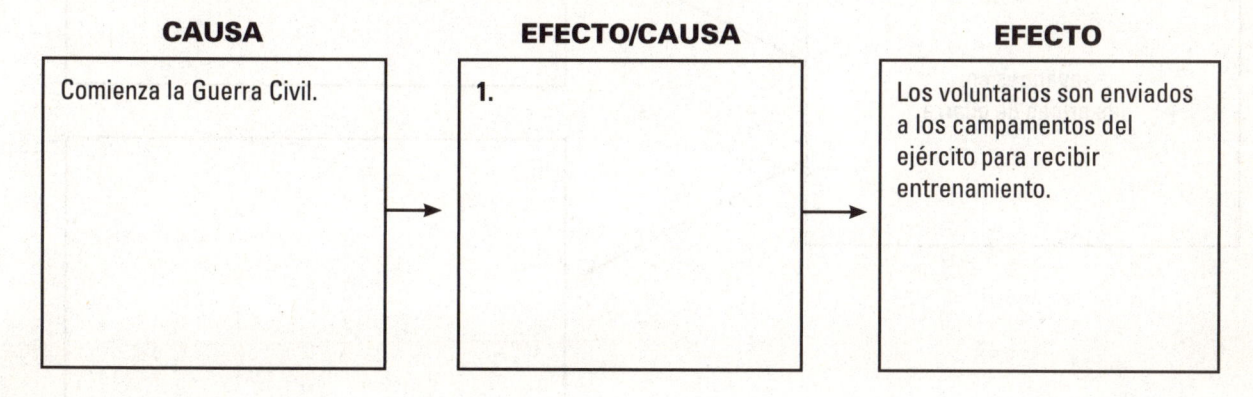

CAUSA
Comienza la Guerra Civil.

EFECTO/CAUSA
1.

EFECTO
Los voluntarios son enviados a los campamentos del ejército para recibir entrenamiento.

CAUSAS
2.

enfermedades

3.

4.

EFECTO
alta tasa de mortandad entre los soldados de la Guerra Civil

CAPÍTULO 16

Guía de estudio para la lectura

Historia de los Estados Unidos
Capítulo 16, Comienza la Guerra Civil 113

Nombre _____ Fecha _____

CAPÍTULO 16

SECCIÓN 2: LA VIDA EN EL EJÉRCITO, *CONTINUACIÓN*

EFECTOS

5.

CAUSA

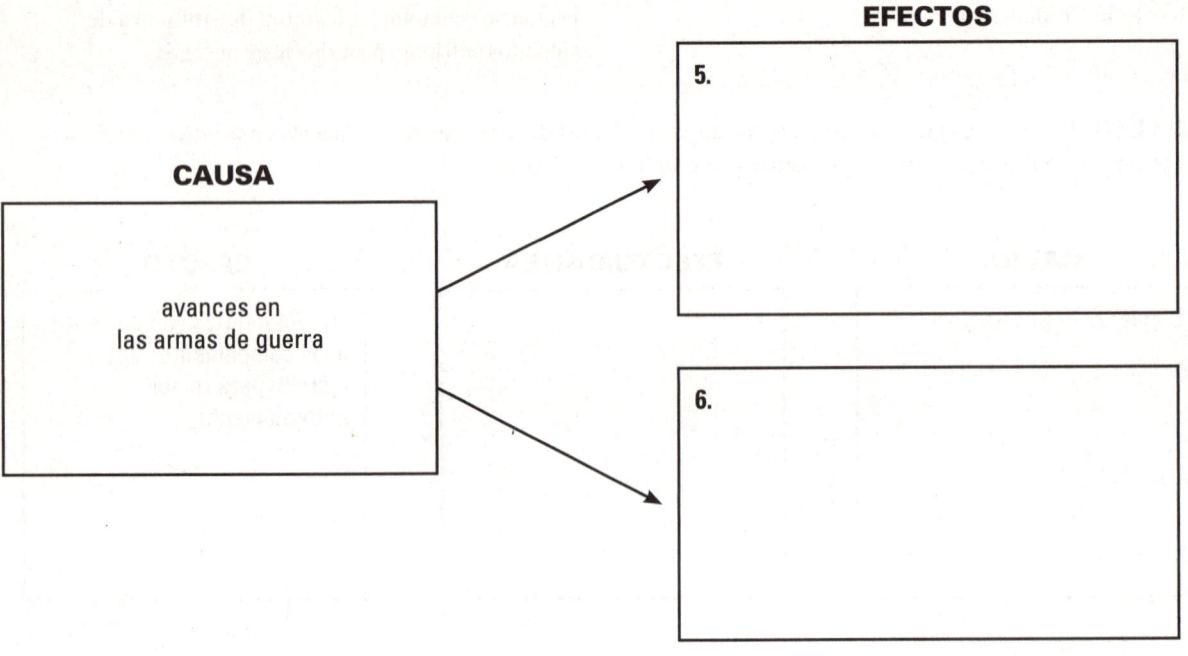

avances en las armas de guerra

6.

| **¡MÁRCALO!** Encierra en un círculo cada término donde aparezca en tus notas y asegúrate de entender su significado. Si un término no aparece, escríbelo en el recuadro donde *mejor* corresponda. | *Monitor*

Merrimack |

DESARROLLAR DESTREZAS

Cita de fuente primaria

"Los cueros y [los residuos] de las [vacas] en millas y millas a la redonda, bajo un sol sofocante y bajo lluvias bochornosas, podían generar tal enjambre de moscas, ejércitos de gusanos, bocanadas de hediondez y océanos de inmundicia como para hacerte la vida miserable".

—William Keesy, cita de *The Civil War Infantryman* (El infante de la Guerra Civil)

¡Márcalo!

7. **Subraya** las palabras de la cita de fuente primaria que apelen a los sentidos del lector.

8. **Encierra en un círculo** la palabra que resume cómo era la vida en el campamento del ejército de la Unión.

9. ¿De qué manera la descripción que realiza Keesy del campamento del ejército pudo haber influenciado a los potenciales reclutas?

   _____
   _____
   _____
   _____

Historia de los Estados Unidos
Capítulo 16, Comienza la Guerra Civil

Guía de estudio para la lectura

Nombre _____ Fecha _____

SECCIÓN 3 | **Sin un final a la vista**

- **Antes aprendiste** La derrota de la Unión en la batalla de Bull Run conmocionó al Norte.
- **Ahora aprenderás** Tanto la Unión como la Confederación obtuvieron victorias importantes en los primeros años de la guerra.

AL LEER Toma notas que enumeren los sucesos que apoyan las conclusiones de esta sección. Usa el diagrama de conclusiones en ambas páginas de esta hoja de trabajo.

CAPÍTULO 16

Las victorias de la Unión en el oeste

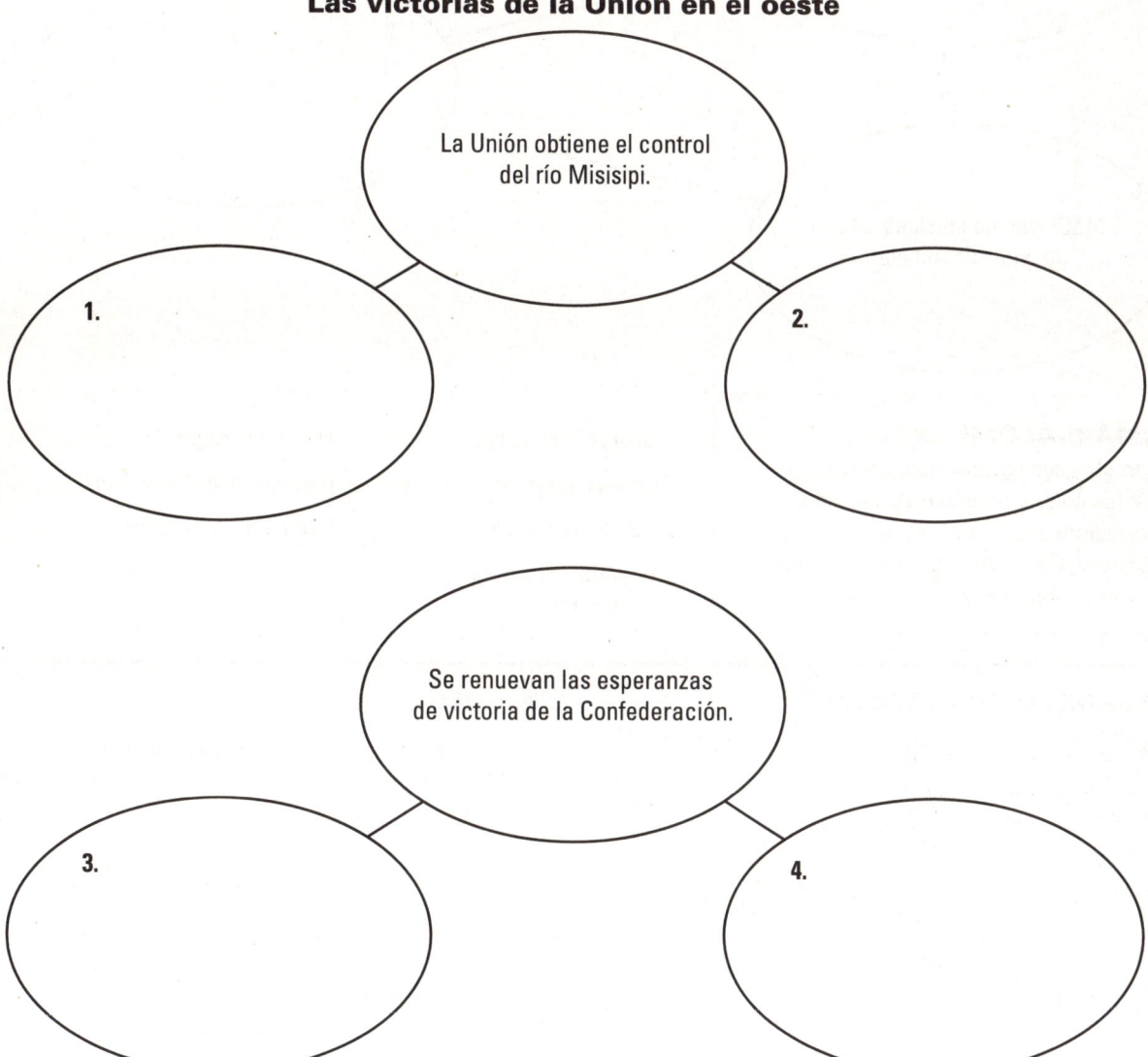

La Unión obtiene el control del río Misisipi.

1.

2.

Se renuevan las esperanzas de victoria de la Confederación.

3.

4.

Guía de estudio para la lectura

Historia de los Estados Unidos
Capítulo 16, Comienza la Guerra Civil

Nombre _____ Fecha _____

SECCIÓN 3: SIN UN FINAL A LA VISTA, *CONTINUACIÓN*

Éxito sureño en el este

5.

6.

McClellan no persigue a Lee después de Antietam.

¡MÁRCALO! Encierra en un círculo cada término donde aparezca en tus notas y asegúrate de entender su significado. Si un término no aparece, dibuja un círculo y escribe el término donde *mejor* corresponda.

George McClellan

Ulysses S. Grant

batalla de Shiloh

William Tecumseh Sherman

David Farragut

batallas de los Siete Días

batalla de Antietam

DESARROLLAR DESTREZAS

¡Márcalo!

7. En el mapa, **encierra en un círculo** la ciudad donde se reunieron las fuerzas de la Unión. ¿Qué bando ganó esta batalla?

   _____

8. **Traza** en el mapa el camino que tomaron las tropas de Farragut. ¿A lo largo de qué accidente geográfico marcharon sus tropas?

   _____

9. ¿Cuál fue el orden cronológico de las batallas?

   _____
   _____
   _____

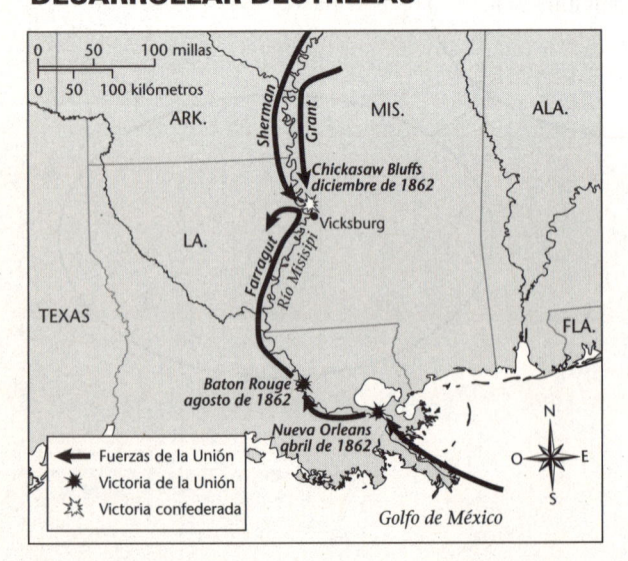

El mapa muestra las rutas de las fuerzas de la Unión cuando capturaron Nueva Orleans en 1862.

Historia de los Estados Unidos
Capítulo 16, Comienza la Guerra Civil

Guía de estudio para la lectura

Nombre _____ Fecha _____

SECCIÓN 1 | **La Proclamación de Emancipación**

- **Antes aprendiste** Los abolicionistas habían estado luchando para poner fin a la esclavitud durante muchas décadas antes de que comenzara la Guerra Civil.

- **Ahora aprenderás** La Proclamación de Emancipación prometió la libertad para los esclavos de la Confederación y permitió que los afroamericanos se unieran al ejército de la Unión.

AL LEER Toma notas que enumeren las causas y los efectos de los acontecimientos presentados en esta sección. Usa la ayuda gráfica de causas y efectos en ambas páginas de esta hoja de trabajo.

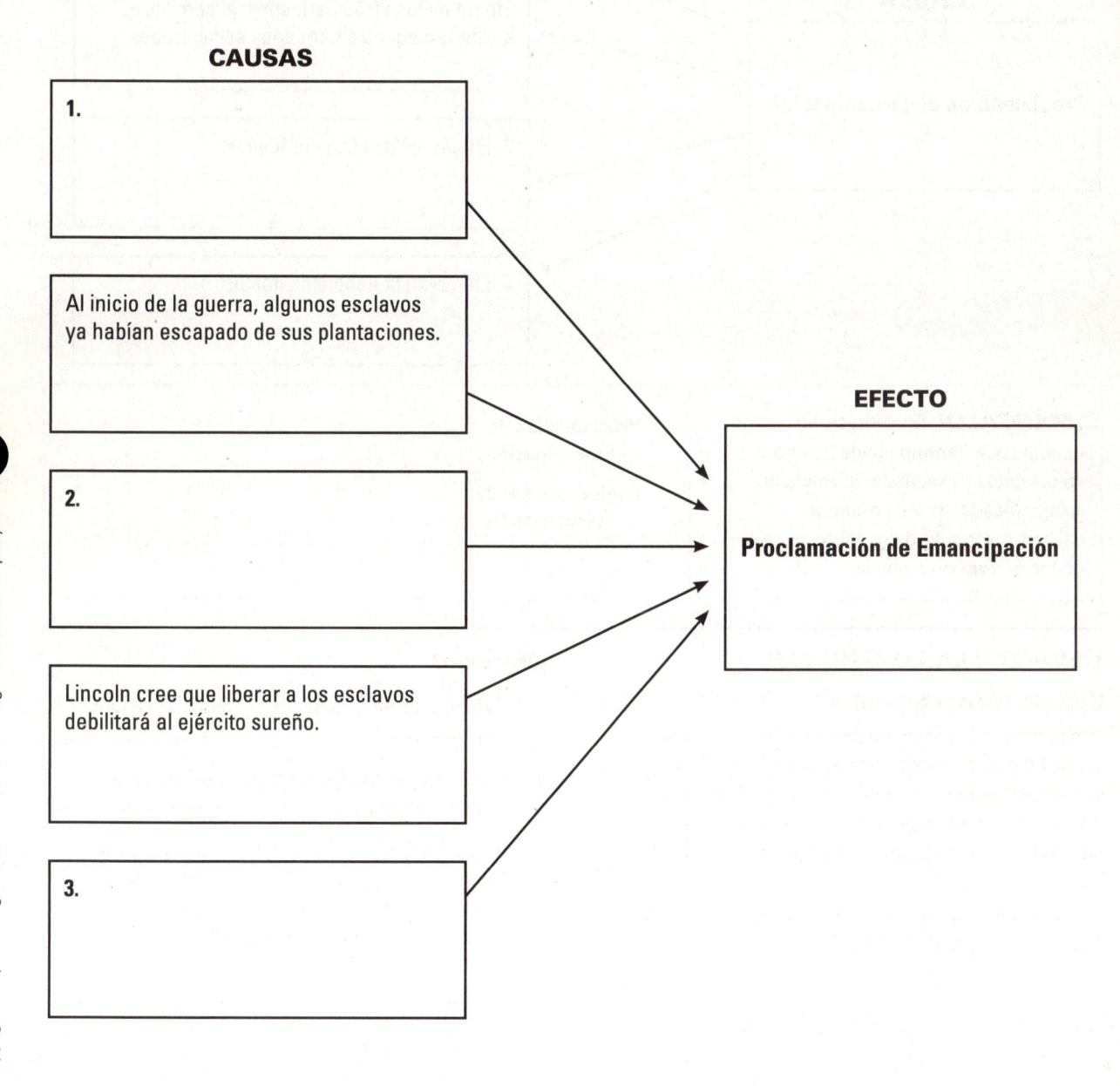

CAUSAS

1.

Al inicio de la guerra, algunos esclavos ya habían escapado de sus plantaciones.

2.

Lincoln cree que liberar a los esclavos debilitará al ejército sureño.

3.

EFECTO

Proclamación de Emancipación

Guía de estudio para la lectura

Historia de los Estados Unidos
Capítulo 17, Cambian los vientos de guerra

Nombre _____   Fecha _____

SECCIÓN 1: LA PROCLAMACIÓN DE EMANCIPACIÓN, *CONTINUACIÓN*

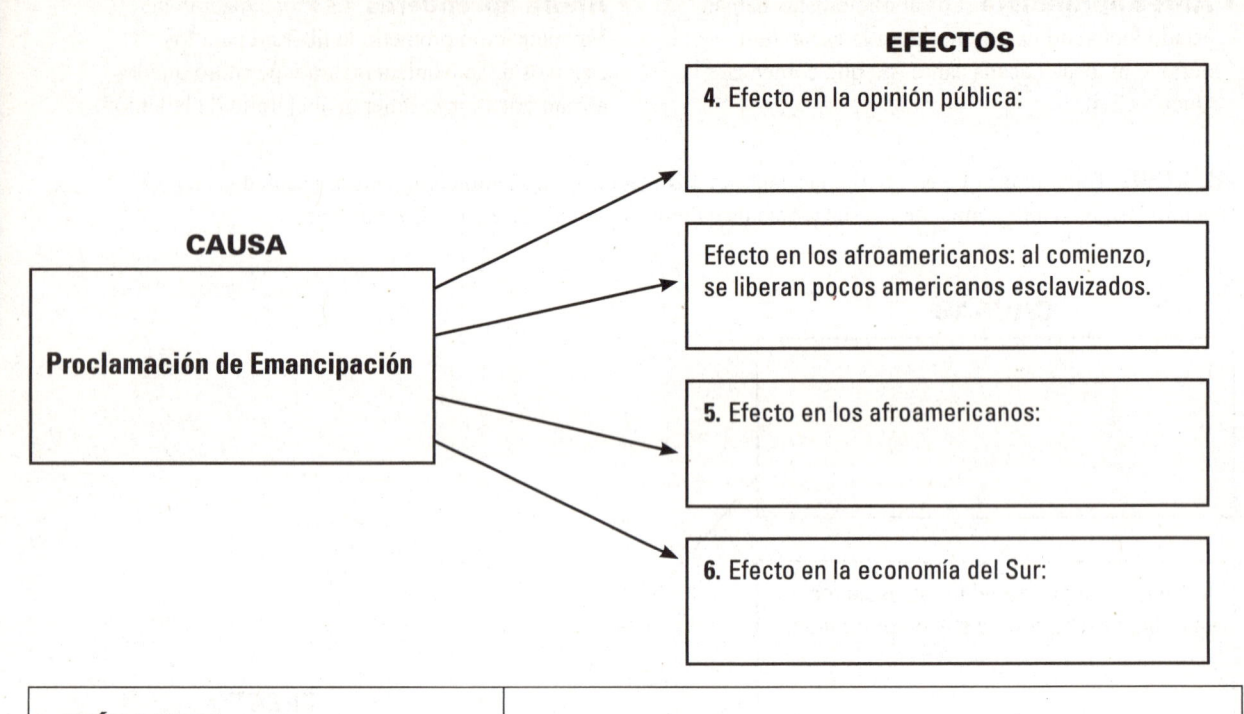

CAUSA

Proclamación de Emancipación

EFECTOS

4. Efecto en la opinión pública:

Efecto en los afroamericanos: al comienzo, se liberan pocos americanos esclavizados.

5. Efecto en los afroamericanos:

6. Efecto en la economía del Sur:

¡MÁRCALO! Encierra en un círculo cada término donde aparezca en tus notas y asegúrate de entender su significado. Si un término no aparece, escríbelo fuera del recuadro donde *mejor* corresponda.

Proclamación de Emancipación

Regimiento 54º de Massachusetts

DESARROLLAR DESTREZAS

Cita de fuente primaria

"En el primer día de enero del año mil ochocientos sesenta y tres de nuestro Señor, todas las personas mantenidas como esclavos en cualquier Estado o parte designada de un Estado, cuyo pueblo se encuentre en rebelión contra los Estados Unidos, serán entonces, desde ahora, y para siempre, libres".

— Abraham Lincoln, de *Emancipation Proclamation* (Proclamación de Emancipación)

¡Márcalo!

7. Subraya la frase que indica a quién se refiere la proclamación.

8. Encierra en un círculo la palabra que indica cuánto tiempo estará en vigencia la proclamación.

9. Relee tus notas sobre la sección denominada "Una guerra por la liberación". ¿En qué basó Lincoln su autoridad para decretar la Proclamación de Emancipación?

_____
_____

Historia de los Estados Unidos
Capítulo 17, Cambian los vientos de guerra

Guía de estudio para la lectura

Nombre _____ Fecha _____

SECCIÓN 2 | La guerra afecta a la sociedad

- **Antes aprendiste** La Guerra Civil sacó de sus hogares a millones de hombres, perturbando la vida tanto en el Norte como en el Sur.

- **Ahora aprenderás** A medida que la guerra se prolongaba, los cambios sociales, económicos y políticos afectaban tanto a la Unión como a la Confederación.

AL LEER Toma notas que enumeren las ideas principales y los detalles de los acontecimientos presentados en esta sección. Usa la ayuda gráfica de ideas principales y detalles en ambas páginas de esta hoja de trabajo.

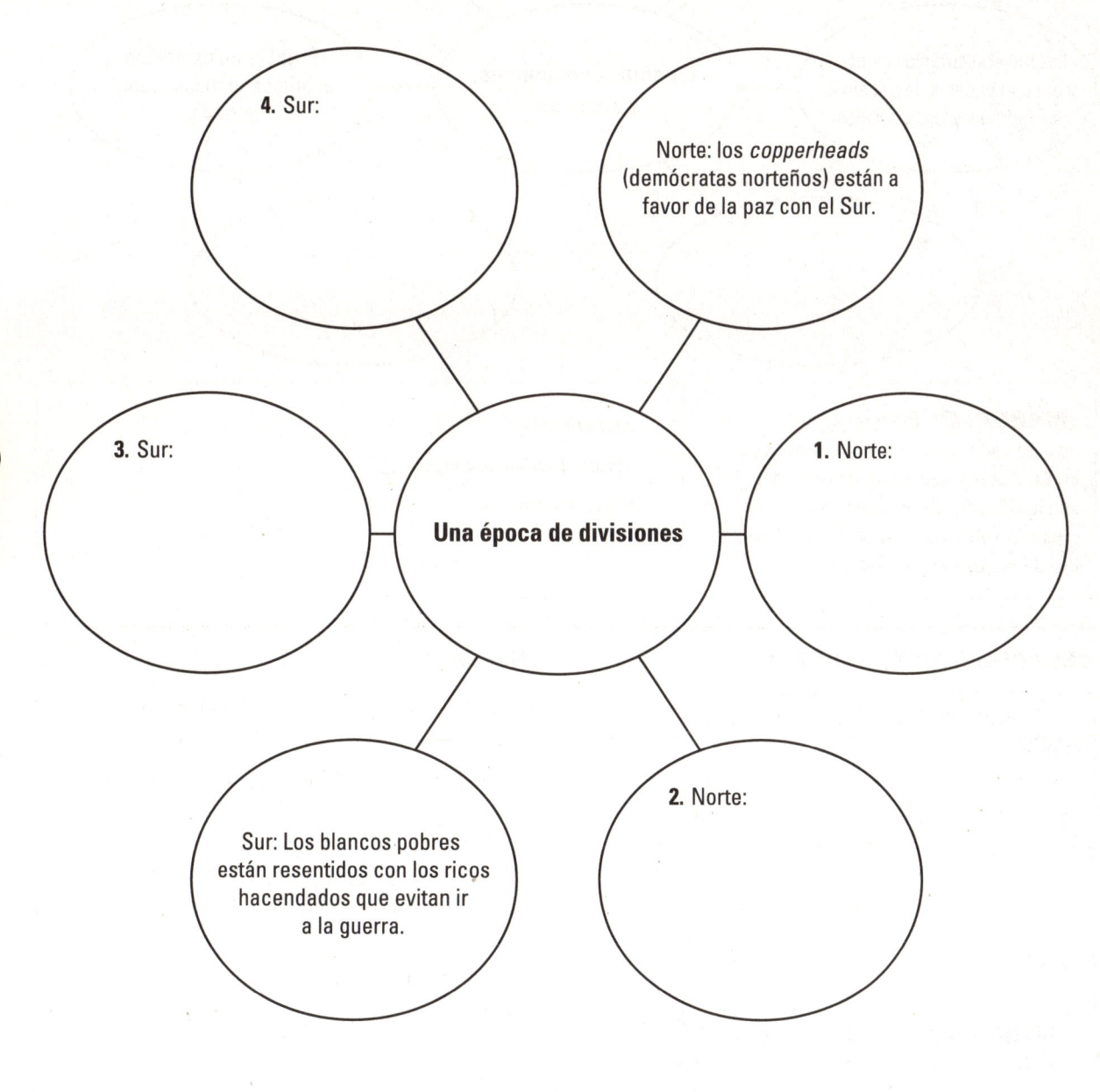

CAPÍTULO 17

- 4. Sur:
- Norte: los *copperheads* (demócratas norteños) están a favor de la paz con el Sur.
- 3. Sur:
- **Una época de divisiones**
- 1. Norte:
- Sur: Los blancos pobres están resentidos con los ricos hacendados que evitan ir a la guerra.
- 2. Norte:

Guía de estudio para la lectura

Historia de los Estados Unidos
Capítulo 17, Cambian los vientos de guerra **119**

Nombre _____ **Fecha** _____

SECCIÓN 2: LA GUERRA AFECTA A LA SOCIEDAD, *CONTINUACIÓN*

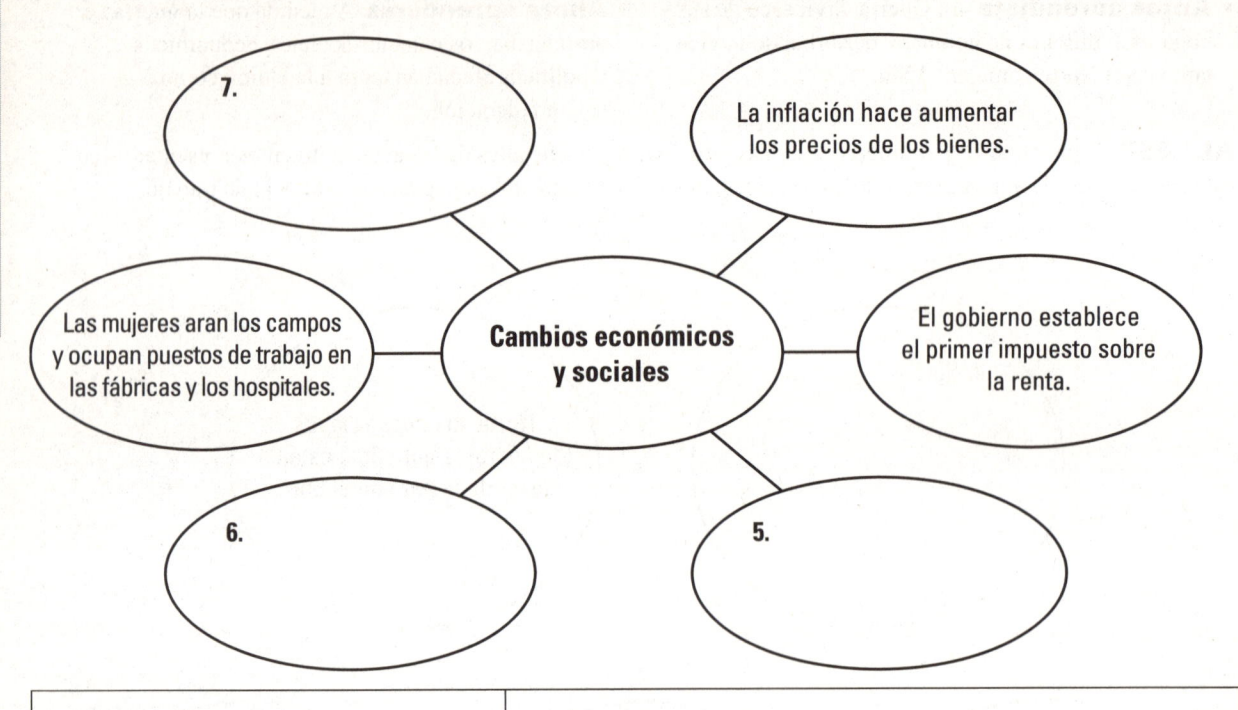

- 7. _____
- La inflación hace aumentar los precios de los bienes.
- Las mujeres aran los campos y ocupan puestos de trabajo en las fábricas y los hospitales.
- **Cambios económicos y sociales**
- El gobierno establece el primer impuesto sobre la renta.
- 6. _____
- 5. _____

¡MÁRCALO! Encierra en un círculo cada término cuando aparezca en tus notas y asegúrate de entender su significado. Si un término no aparece, dibuja un círculo y escríbelo donde *mejor* corresponda.

copperheads

acción de hábeas corpus

Clara Barton

DESARROLLAR DESTREZAS

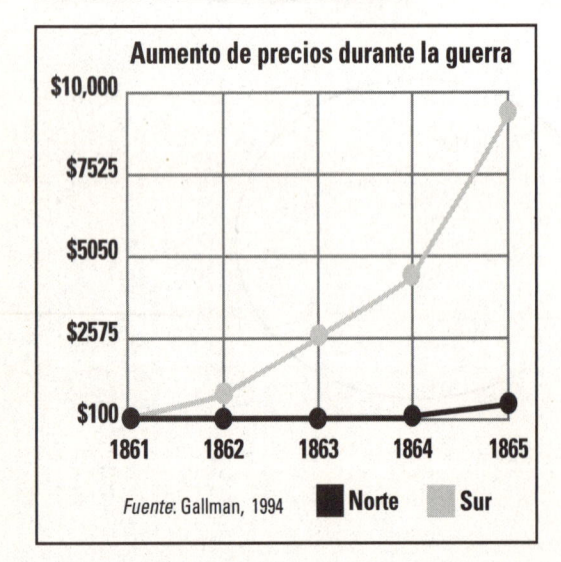

Aumento de precios durante la guerra

(Gráfica lineal con eje Y: $100, $2575, $5050, $7525, $10,000; eje X: 1861, 1862, 1863, 1864, 1865. Líneas: Norte y Sur)

Fuente: Gallman, 1994

La gráfica lineal muestra el aumento en los precios de los productos básicos en el Norte y en el Sur durante la Guerra Civil.

¡Márcalo!

8. **Encierra en un círculo** el precio de los productos básicos en el Sur en 1863.

9. **Subraya** el año en que los precios de los productos básicos en el Norte y en el Sur diferían en unos $8,000.

10. **Escribe** una oración que resuma la información presentada en la gráfica lineal.

_____
_____
_____
_____

Historia de los Estados Unidos
Capítulo 17, Cambian los vientos de guerra

Guía de estudio para la lectura

Nombre _____ Fecha _____

SECCIÓN 3 | **Gana el Norte**

- **Antes aprendiste** El General Robert E. Lee le causó muchas dificultades a la Unión en el este.
- **Ahora aprenderás** Después de una serie de victorias sureñas, el Norte comenzó a ganar batallas que condujeron a la derrota de la Confederación.

AL LEER Toma notas que enumeren las causas y los efectos de los acontecimientos presentados en esta sección. Usa la ayuda gráfica de causas y efectos en ambas páginas de esta hoja de trabajo.

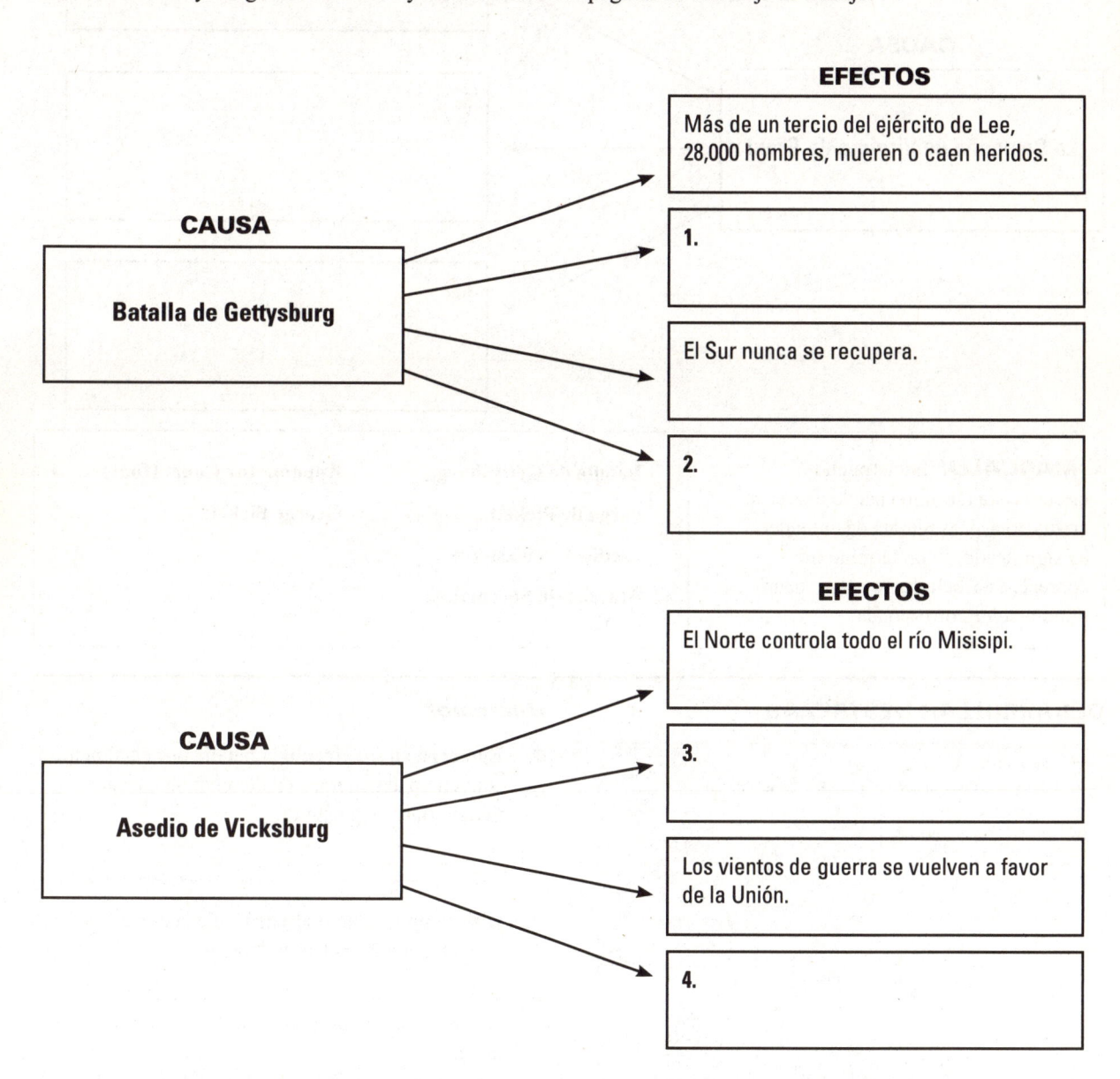

CAUSA

Batalla de Gettysburg

EFECTOS

- Más de un tercio del ejército de Lee, 28,000 hombres, mueren o caen heridos.
- 1.
- El Sur nunca se recupera.
- 2.

CAUSA

Asedio de Vicksburg

EFECTOS

- El Norte controla todo el río Misisipi.
- 3.
- Los vientos de guerra se vuelven a favor de la Unión.
- 4.

Guía de estudio para la lectura

Historia de los Estados Unidos
Capítulo 17, Cambian los vientos de guerra

Nombre _____ Fecha _____

CAPÍTULO 17

SECCIÓN 3: GANA EL NORTE, *CONTINUACIÓN*

EFECTOS

- numerosas víctimas en ambos bandos
- 5.
- 6.

CAUSA

La Campaña de Virginia de Grant

¡MÁRCALO! Encierra en un círculo cada término cuando aparezca en tus notas y asegúrate de entender su significado. Si un término no aparece, escríbelo fuera del recuadro donde *mejor* corresponda.

- batalla de Gettysburg
- carga de Pickett
- asedio de Vicksburg
- Marcha de Sherman al Mar
- Appomattox Court House
- George Pickett

DESARROLLAR DESTREZAS

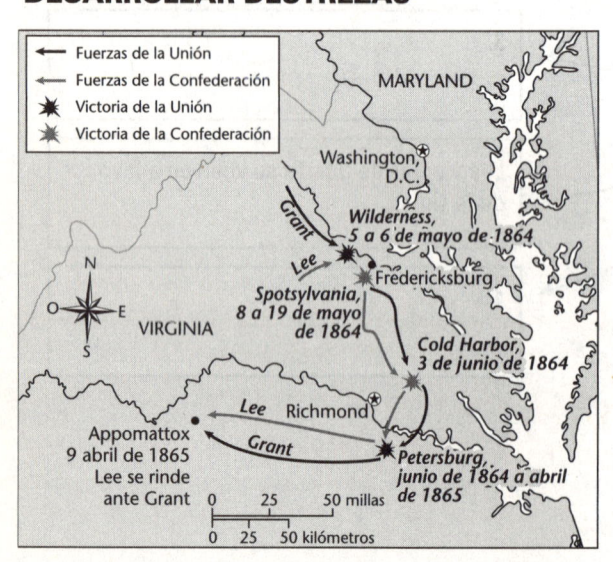

- ← Fuerzas de la Unión
- ← Fuerzas de la Confederación
- ✦ Victoria de la Unión
- ✦ Victoria de la Confederación

MARYLAND
Washington, D.C.
Wilderness, 5 a 6 de mayo de 1864
Fredericksburg
Spotsylvania, 8 a 19 de mayo de 1864
VIRGINIA
Cold Harbor, 3 de junio de 1864
Lee — Richmond
Appomattox — 9 abril de 1865 Lee se rinde ante Grant
Grant
Petersburg, junio de 1864 a abril de 1865
0 25 50 millas
0 25 50 kilómetros

El mapa muestra los sitios de las batallas y los movimientos de las tropas de la Campaña de Virginia de Grant entre 1864 y 1865.

¡Márcalo!

7. **Encierra en un círculo** la batalla que finalmente convenció al general Lee de rendirse. ¿Cuánto tiempo duró esta batalla?

   _____

8. **Dibuja** un triángulo alrededor de la ciudad incendiada por los Confederados.

9. **Relee** la sección llamada "Cae la Confederación". ¿Cómo logró evitar la derrota Lee durante más de un año?

   _____
   _____
   _____
   _____

Historia de los Estados Unidos
Capítulo 17, Cambian los vientos de guerra

Guía de estudio para la lectura

Nombre _____ Fecha _____

SECCIÓN 4 | El legado de la guerra

- **Antes aprendiste** Durante la Guerra Civil tuvieron lugar importantes cambios sociales, económicos y políticos.
- **Ahora aprenderás** La Guerra Civil transformó a la nación.

AL LEER Toma notas que categoricen los acontecimientos presentados en esta sección. Usa la ayuda gráfica de categorización en ambas páginas de esta hoja de trabajo.

Víctimas

1.
- 260,000 soldados confederados muertos
- 275,000 soldados de la Unión heridos

2.
- Muchos soldados sufrieron problemas de salud por el resto de sus vidas.

Costos económicos

- Ambos bandos gastaron enormes cantidades de dinero.

3.

Destrucción del Sur

4.

5.
- Se destruyeron fábricas y ferrocarriles.

6.
- El Sur permaneció sumido en la pobreza durante años después de que la guerra terminara.

Nombre _____ Fecha _____

CAPÍTULO 17

SECCIÓN 4: EL LEGADO DE LA GUERRA, *CONTINUACIÓN*

Cambios políticos y sociales
7.
• La nación es reconocida como una unión más que como una federación laxa de estados.
8.
• Cuatro millones de ex esclavos tienen que ser integrados a la vida nacional.

Cambios económicos
• La nación emite un nuevo papel moneda y cobra un impuesto sobre la renta.
9.
• El gobierno financia la construcción de nuevos ferrocarriles y universidades estatales.
10.
11.

¡MÁRCALO! Encierra en un círculo cada término cuando aparezca en tus notas y asegúrate de entender su significado. Si un término no aparece, escríbelo fuera del recuadro donde *mejor* corresponda.

Walt Whitman   Enmienda Decimotercera

Teatro Ford

John Wilkes Booth

DESARROLLAR DESTREZAS

Víctimas de la Unión y de la Confederación

☐ Víctimas de la Unión   ■ Víctimas de la Confederación

[Gráfica de barras: Muertos — Unión ~360, Confederación ~260; Heridos — Unión ~275, Confederación ~100. Eje Y: Víctimas (en miles), 0 a 400.]

Fuente: *Encyclopedia of American History* (Enciclopedia de historia estadounidense) y *Battle Cry of Freedom: The Civil War Era* (Grito de batalla por la libertad: la era de la Guerra Civil) por James McPherson

La gráfica de barras muestra las bajas de la Unión y de la Confederación durante la Guerra Civil.

¡Márcalo!

12. En la gráfica, **encierra en un círculo** el número de soldados confederados heridos.

13. **Subraya** el bando que tuvo más bajas.

14. ¿Alrededor de cuántos soldados estadounidenses murieron en la Guerra Civil?

_____

_____

Historia de los Estados Unidos   Guía de estudio para la lectura

Capítulo 17, Cambian los vientos de guerra

Nombre _____ Fecha _____

SECCIÓN 1 | **Reconstruir la Unión**
Para usar con las páginas 570 a 575

- **Antes aprendiste** La Guerra Civil promovió la industria y el crecimiento en el Norte, pero dejó al Sur en ruinas.
- **Ahora aprenderás** Durante la Reconstrucción, el presidente y el Congreso disputaron acerca de cómo reconstruir el Sur.

AL LEER Toma notas para comparar y contrastar los acontecimientos de esta sección. Usa la tabla de comparar y contrastar en ambas páginas de esta hoja de trabajo.

Reconstrucción de la Presidencia	Reconstrucción del Congreso
Lincoln: quería reunificar la nación "sin malicia hacia nadie"; dijo que el Sur podía enviar representantes al Congreso.	1.
Johnson: no intentó satisfacer las necesidades de los ex esclavos.	2.
3. **Johnson:**	estableció condiciones, en el Acta de Reconstrucción de 1867, para que los estados del Sur fueran readmitidos.
Johnson: creía que los estados deberían decidir por su cuenta cuestiones de derechos a voto y de protección igualitaria.	4.
Johnson: contra la ciudadanía plena de los afroamericanos.	5.

Guía de estudio para la lectura

Historia de los Estados Unidos

SECCIÓN 1: RECONSTRUIR LA UNIÓN, *CONTINUACIÓN*

Reconstrucción de la Presidencia	Reconstrucción del Congreso
6. Johnson:	aprobó la Declaración de los Derechos Civiles de 1866
Johnson: se negó a respaldar la Enmienda Decimocuarta	**7.**

¡MÁRCALO! Encierra en un círculo cada término cuando aparezca en tus notas y asegúrate de entender su significado. Si un término no aparece, escríbelo junto al recuadro donde *mejor* corresponda.

republicano radical

Reconstrucción

Agencia Federal de Libertos

Andrew Johnson

black codes

Enmienda Decimocuarta

scalawag

carpetbagger

DESARROLLAR DESTREZAS

Cita de fuente primaria

"Hemos liberado, o estamos a punto de liberar, cuatro millones de esclavos que no tienen ni una cabaña donde alojarse ni un centavo en el bolsillo[...]si los dejamos al arbitrio de sus últimos amos, habríamos hecho mejor manteniéndolos en la esclavitud".

— Thaddeus Stevens, en el *Congressional Globe*, 18 de diciembre, 1865

¡Márcalo!

8. **Lee** la cita de fuente primaria. **Subraya** las palabras que describen la situación económica de los esclavos recientemente liberados.

9. Basándote en la cita, **resume** el punto de vista de Stevens con respecto a los esclavos liberados.

Nombre _____ Fecha _____

SECCIÓN 2 | La Reconstrucción cambia la vida diaria
Para usar con las páginas 576 a 581

- **Antes aprendiste** Durante la Reconstrucción, el presidente y el Congreso disputaron acerca de cómo reconstruir el Sur.

- **Ahora aprenderás** A medida que el Sur se reconstruía, millones de afroamericanos libertos trabajaban para mejorar sus vidas.

AL LEER Toma notas que enumeren las ideas principales y los detalles de esta sección. Usa el diagrama de ideas principales en ambas páginas de esta hoja de trabajo.

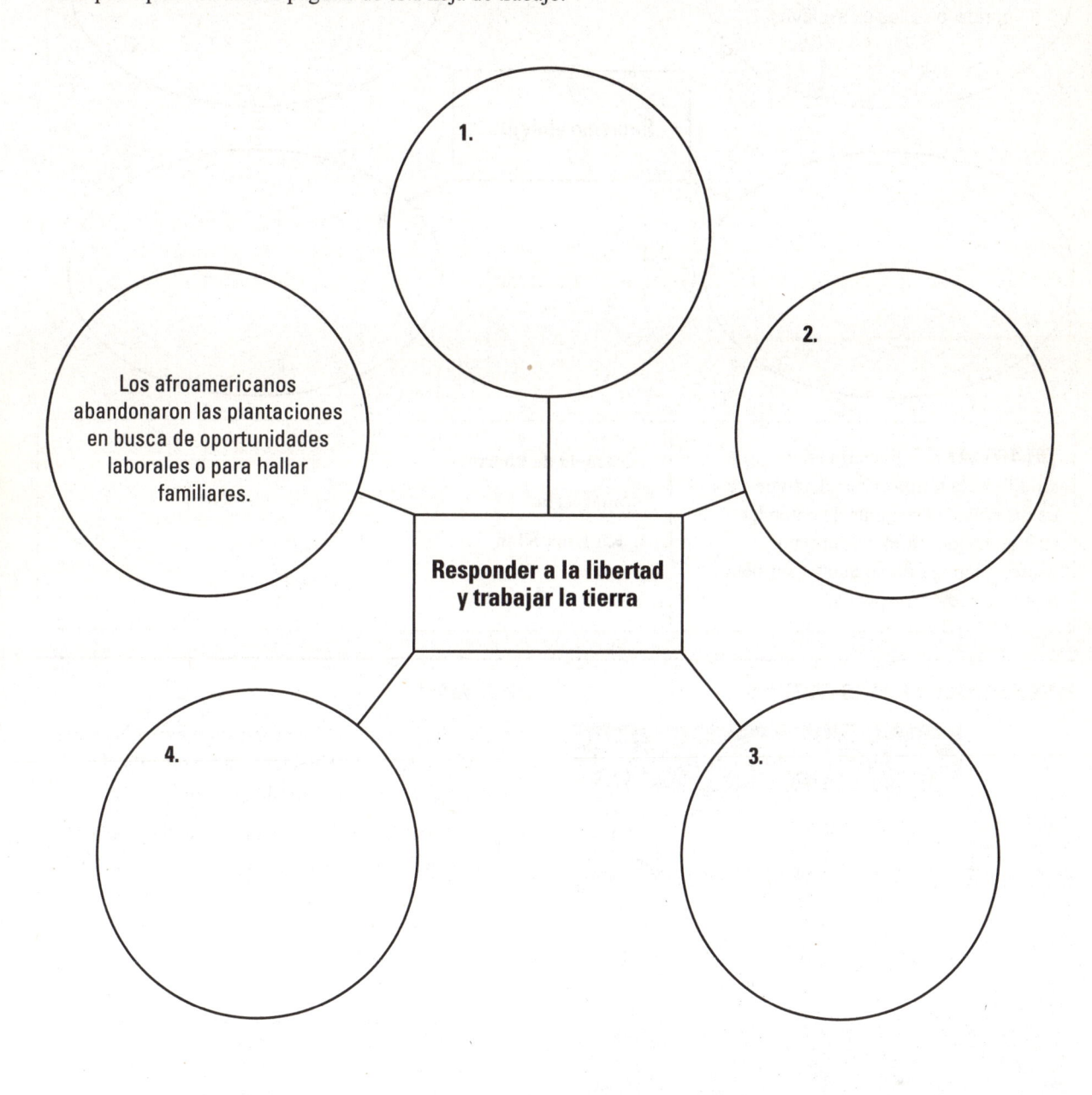

CAPÍTULO 18

Responder a la libertad y trabajar la tierra

1.

2.

3.

4.

Los afroamericanos abandonaron las plantaciones en busca de oportunidades laborales o para hallar familiares.

Guía de estudio para la lectura

Historia de los Estados Unidos
Capítulo 18, Reconstrucción **127**

Nombre _____ Fecha _____

SECCIÓN 2: LA RECONSTRUCCIÓN CAMBIA LA VIDA DIARIA, *CONTINUACIÓN*

El objetivo del Ku Klux Klan, un grupo terrorista, era devolverles a los demócratas el poder y mantener oprimidos a los ex esclavos.

5.

Racismo violento

7.

6.

¡MÁRCALO! Encierra en un círculo cada término cuando aparezca en tus notas y asegúrate de entender su significado. Si un término no aparece, agrega un círculo y escríbelo donde *mejor* corresponda.	escuela de libertos aparcería Ku Klux Klan

DESARROLLAR DESTREZAS

	1850	1860	1870	1880
Algodón (pacas)	2.5 millones	5.3 millones	3.0 millones	5.7 millones
Maíz (fanegas)	239 millones	283 millones	179 millones	267 millones
Heno (toneladas)	718,997	1.08 millones	474,739	697,320

Fuente: *Estadísticas históricas de los Estados Unidos*

La gráfica compara la producción agrícola de tres cultivos en los estados del Sur.

¡Márcalo!

8. Estudia la gráfica "La producción agrícola en los estados del Sur". **Encierra en un círculo** el año en el que la producción de maíz fue mayor.

9. ¿Qué podría explicar el aumento en la producción agrícola de los tres cultivos entre 1870 y 1880?

_____
_____
_____
_____

Historia de los Estados Unidos
Capítulo 18, Reconstrucción

Guía de estudio para la lectura

Nombre _____ Fecha _____

SECCIÓN 3 | El fin de la Reconstrucción
Para usar con las páginas 582 a 588

CAPÍTULO 18

- **Antes aprendiste** A medida que el Sur se reconstruía, millones de recientes libertos afroamericanos se esforzaron por mejorar sus vidas.

- **Ahora aprenderás** A medida que los blancos del Sur recobraban el poder en el Congreso, terminó la Reconstrucción, así como los avances de los afroamericanos hacia la igualdad.

AL LEER Toma notas que enumeren las ideas principales y los detalles de esta sección. Usa el diagrama de ideas principales en ambas páginas de esta hoja de trabajo.

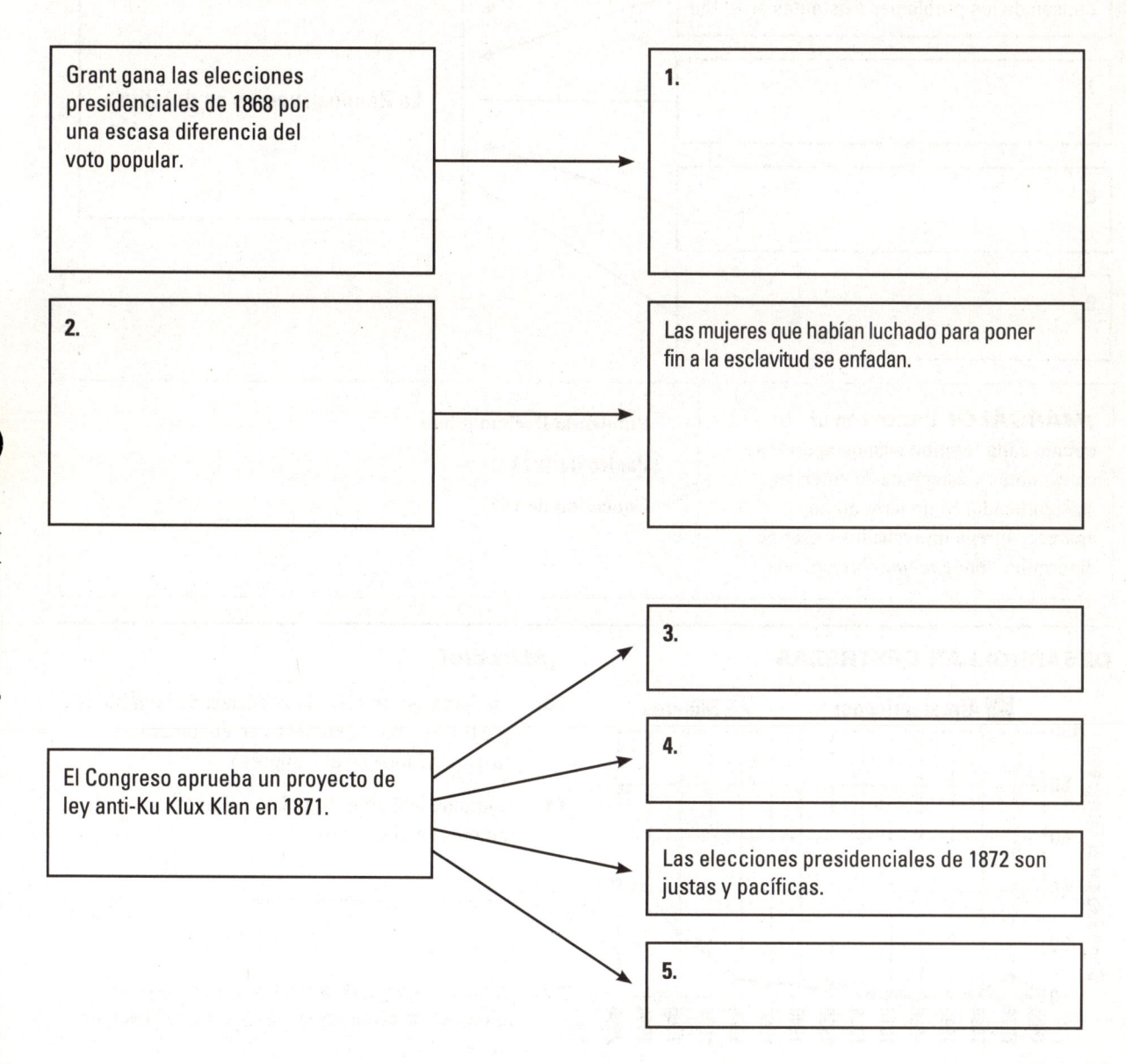

Grant gana las elecciones presidenciales de 1868 por una escasa diferencia del voto popular.	1.
2.	Las mujeres que habían luchado para poner fin a la esclavitud se enfadan.
El Congreso aprueba un proyecto de ley anti-Ku Klux Klan en 1871.	3.
	4.
	Las elecciones presidenciales de 1872 son justas y pacíficas.
	5.

Guía de estudio para la lectura

Historia de los Estados Unidos
Capítulo 18, Reconstrucción **129**

Nombre _____ **Fecha** _____

SECCIÓN 3: EL FIN DE LA RECONSTRUCCIÓN, *CONTINUACIÓN*

CAUSAS

6. ☐

Debido al Pánico de 1873, las personas se cansan de los problemas existentes en el Sur.

7. ☐

8. ☐

9. ☐

EFECTO

La Reconstrucción se debilita

¡MÁRCALO! Encierra en un círculo cada término cuando aparezca en tus notas y asegúrate de entender su significado. Si un término no aparece, agrega un recuadro y escribe el término donde *mejor* corresponda.

Enmienda Decimoquinta

Pánico de 1873

Concesión de 1877

DESARROLLAR DESTREZAS

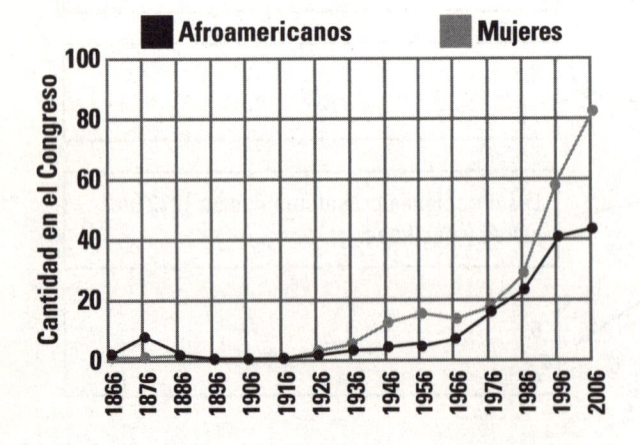

■ Afroamericanos   ■ Mujeres

[Gráfica lineal: Cantidad en el Congreso (0–100) por año (1866–2006)]

Fuente: Informe del CRS para el Congreso: miembros negros del Congreso de los Estados Unidos: 1870–2005; Las mujeres del Congreso, de la diputada Marcy Kaptur; Centro para las mujeres estadounidenses y la política

La gráfica lineal muestra la cantidad de mujeres y de afroamericanos en el Congreso.

¡Márcalo!

10. **Encierra en un círculo** la década de la gráfica que tuvo el mayor aumento en el número de afroamericanos en el Congreso.

11. ¿Durante qué años no hubo afroamericanos ni mujeres en el Congreso?

    _____
    _____

12. ¿Cuál podría ser la razón por la cual hay más mujeres que afroamericanos en el Congreso hoy en día?

    _____
    _____
    _____
    _____

Historia de los Estados Unidos
Capítulo 18, Reconstrucción

Guía de estudio para la lectura

No. 1641
$21.95

STEEL HOMES

BY DRS. CARL & BARBARA GILES

TAB TAB BOOKS Inc.
BLUE RIDGE SUMMIT, PA. 17214

FIRST EDITION

FIRST PRINTING

Copyright © 1984 by TAB BOOKS Inc.

Printed in the United States of America

Reproduction or publication of the content in any manner, without express permission of the publisher, is prohibited. No liability is assumed with respect to the use of the information herein.

Library of Congress Cataloging in Publication Data

Giles, Carl H.
   Steel homes.

   Includes index.
   1. Steel houses—Design and construction. 2. Steel, Structural. I. Giles, Barbara, 1944-   . II. Title.
TH4818.S73G55 1984   693.71   83-18161
ISBN 0-8306-0641-6
ISBN 0-8306-1641-1 (pbk).